精准扶贫·食用菌栽培技术系列丛书

双孢蘑菇高效栽培技术100问

李彩萍　编著

中国农业出版社

内容提要

本书作为《精准扶贫·食用菌栽培技术系列丛书》之一，主要针对双孢蘑菇生产企业和农户，采用问答形式，叙述简洁、通俗易懂。内容涉及双孢蘑菇产业链技术构成体系、生产环节关键技术、绿色生产和产品加工需要的基本条件等，具体包括双孢蘑菇产地环境要求，生产场地与设施建设，栽培基质选择、配比、发酵，培养料上架、覆土与出菇管理，病虫害防治以及产品的保鲜、加工、包装、运输、贮藏等全产业链的技术要求与标准。

本书适于指导贫困地区已经从事或有意向进行双孢蘑菇栽培的农户学习，同时也可作为从事食用菌产业管理部门、生产加工企业及营销等相关人员的参考用书。

本书由国家星火项目“吕梁贫困山区林果产业丰产增效关键技术推广示范（2015GA630005）”资助出版。

精准扶贫·食用菌栽培技术系列丛书
编　委　会

总 顾 问　李晋陵　牛青山　彭德全

顾　　问　刘虎林　苏东涛　李建军　牛志勇

　　　　　郭源远　侯树明　李　蕾　曹玉贵

主　　编　潘保华

编　　委（以姓名笔画为序）

　　　　　牛　宇　李彩萍　聂建军　徐全飞

统　　稿　潘保华

本书撰稿　李彩萍

序

中共十八大以来，党中央、国务院把贫困人口脱贫作为全面建成小康社会的主要任务，全面打响了精准脱贫的攻坚战。山西省地处我国中西部地区，贫困县有58个，其中国家级贫困县36个，省级贫困县22个，主要集中分布在西部吕梁山黄土残垣沟壑区、东部太行山干石山区和北部高寒冷凉区，这些地区共同特征是生态环境脆弱、产业发展滞后，长期处于深度贫困状态，脱贫攻坚的任务相当艰巨。

实现脱贫致富，要靠产业支撑。食用菌产业是实施精准脱贫的一项重要产业，贫困地区有可利用的大量的农作物副产品资源，如农作物秸秆、玉米芯、牛马粪、鸡粪等畜禽粪便等进行食用菌的生产，具有变废为宝、促进农业可持续发展的生态优势，是实现农业增效、农民增收的一个重要途径。

食用菌产业具有劳动密集的产业优势，发展食用菌生产不仅是调整农业生产结构、提高农业劳动生产率、吸纳农村剩余劳动力、实现高效种植模式的有效途径，而且是实施避灾农业的有效方式。在以山区、革命老区、易旱地区为共同特点的贫困地区大力发展食用菌产业，可以说是一举数得，不仅对进一步推动农业产业结构和农村经济结构的调整，充分利用贫困山区的农业资源，逐步改善农业生产条件和生态环境具有重要意义，而且对培育壮大以食用菌为主导的农业产业，大幅度增加农民收入等方面将产生积极的作用。

本套丛书把现代食用菌栽培技术应用于产业化精准扶贫的实践，其主要特点是适用性与实用性强，它以食用菌科技专家的科研成果和近年来的扶贫工作实践为基础，深入浅出地阐述了食用菌栽培技术的原理和方法，针对贫困地区食用菌生产企业和农户在食用菌生产中存在的疑难问题，采用问答形式，叙述简洁，通俗易懂，并配有相关图片，有助于提高贫困地区更多农户的食用菌科技素质，切实掌握食用菌栽培技术，增加食用菌生产综合效益，尽快实现脱贫致富。

本套丛书的编辑出版，我院潘保华研究员带领的食用菌专家团队付出了辛勤汗水，并得到了山西省科技厅等有关部门的大力支持，在此表示感谢。同时，也殷切希望相关单位工作人员以及广大农户对丛书的内容和技术需求提出宝贵意见，以便进一步改进和完善。

山西省农业科学院副院长 李晋陵

2017年10月

前　言

双孢蘑菇是世界性的食用菌栽培品种，也是我国栽培和出口创汇的大宗食用菌品种之一。双孢蘑菇的营养价值很高，享有“保健食品”和“素中之王”美称，深受国际市场的青睐。我国传统中医学认为双孢蘑菇味甘性平，有提神、助消化、降血压的作用。现代医学表明，双孢蘑菇对病毒性疾病有一定的免疫作用，蘑菇多糖具有一定的抗癌活性，能抑制肿瘤的发生、发展，对小白鼠肉瘤 S-180 和艾氏癌的抑制率分别为 90%和 100%。双孢蘑菇所含的酪氨酸酶能溶解一定的胆固醇，降低血压，是一种降压剂。经常食用双孢蘑菇，可以防止坏血病，预防肿瘤，促进伤口愈合和解除铅、砷、汞等重金属的中毒，兼有补脾、润肺、理气、化痰之功效，能防止恶性贫血，改善神经功能，降低血脂。因此，双孢蘑菇不仅是一种味道鲜美、营养齐全的菌类蔬菜，而且是具有保健作用的功能性食品。

近年来，随着食用菌产业的快速发展，双孢蘑菇产业也逐步兴起，特别是双孢蘑菇工厂化生产，已基本形成从双孢蘑菇栽培料发酵、种植生产、保鲜加工等一套较完整的生产、流通体系。但是，在双孢蘑菇产业快速发展的同时，贫困地区在产业发展上仍存在很大的差距。一是菇房设施落后，机械化、自动化程度低。二是双孢蘑菇栽培技术滞后，特别是菌种选育与制菌条件差，栽培品种全部依赖外部供给，甚至一些地区农户的栽培种也从外地远距离购进，导致品种混杂、品质差、产量低，甚至不出菇。三是营销流通渠道不畅，卖难现象时有发生。四是产品加工能力严重匮乏，成为制约双孢蘑菇产业发展的瓶颈。

从双孢蘑菇的菇体结构特点和栽培技术的角度来看，双孢蘑菇表面缺少蜡质层等保护组织，抗逆性较弱，菌丝生长和子实体发育对生态环境变化敏感，一旦栽培环境发生变化，会严重影响其产量和质量，甚至绝产。无污染的栽培环境是生产优质双孢蘑菇的基本条件，生产地区生态环境好，就会提升双孢蘑菇的品质。此外，培养基质、添加剂（如原辅材料、生产用水）、消毒药剂和农药使用等都会对双孢蘑菇产量和品质产生影响。

本书编写主要是作者依据多年来从事双孢蘑菇栽培技术工作的总结，也查阅了许多有关双孢蘑菇栽培方面的书籍或文章，并引用了部分图片等资料，同时还得到了一些同行的热情帮助和指导，在此一并表示特别的感谢。

由于作者水平有限，书中的某些论述或观点若有不妥与不完善的地方，寄希望社会各界同仁对遗漏、错误或不当之处提出批评指正，同时也希望广大菇农提出实际需求，以便进一步对该书进行完善和补充。

目　录

序
前言

1. 双孢蘑菇产业规模及市场发展前景如何？ …… 1
2. 双孢蘑菇生产对环境条件有哪些要求？ …… 3
3. 怎样选择双孢蘑菇生产场地？ …… 6
4. 双孢蘑菇生产需要哪些基本条件？ …… 6
5. 双孢蘑菇栽培可以利用哪些设施？ …… 7
6. 新建菇房（棚）应注意哪些问题？ …… 7
7. 窑洞式菇房有哪些利与弊？ …… 10
8. 双孢蘑菇生产工艺流程是怎样构成的？ …… 10
9. 双孢蘑菇生产周期多长，一年可生产几次？ …… 11
10. 怎样确定双孢蘑菇适宜的生产季节？ …… 12
11. 双孢蘑菇菌种从哪里来，可以自制吗？ …… 13
12. 双孢蘑菇品种有哪些类型，如何选择？ …… 14
13. 蘑菇菌种分几级，如何选购？ …… 17
14. 制作培养双孢蘑菇菌种需要哪些设施？ …… 18
15. 制作双孢蘑菇菌种需要哪些工具或设备？ …… 18
16. 菌种培养室应具备什么条件？ …… 22
17. 为什么接种时要在无菌环境下进行？ …… 22
18. 怎样自制简易的无菌接种箱？ …… 24
19. 怎样制作、培养、保藏和使用双孢蘑菇母种？ …… 25

20. 怎样制作培养双孢蘑菇原种？ …………………………… 32
21. 怎样制作培养双孢蘑菇栽培种？ ………………………… 35
22. 双孢蘑菇制种失败的原因是什么，怎么解决？ ………… 40
23. 双孢蘑菇制种时为什么会发生杂菌污染，
怎样避免？ …………………………………………………… 41
24. 双孢蘑菇制种过程中常见杂菌有哪些，怎样防治？ …… 44
25. 双孢蘑菇制种过程中常见害虫有哪些，怎样防治？ …… 50
26. 双孢蘑菇菌种质量标准包括哪几方面，如何鉴定？ …… 52
27. 双孢蘑菇母种、原种、栽培种怎样保藏和使用？ ……… 56
28. 栽培双孢蘑菇需要准备什么原材料？ …………………… 59
29. 双孢蘑菇常用栽培材料配方有哪些，如何配制？ ……… 60
30. 双孢蘑菇栽培料配方中碳氮比是什么，
如何计算和确定？ …………………………………………… 64
31. 双孢蘑菇生产前怎样确定需要准备的
不同原材料用量？ …………………………………………… 68
32. 双孢蘑菇栽培料为什么必须经过发酵后
才能使用？ …………………………………………………… 68
33. 一次发酵和二次发酵有什么区别？ ……………………… 69
34. 一次发酵如何进行，需要注意哪些问题？ ……………… 70
35. 二次发酵如何进行，需要注意哪些问题？ ……………… 71
36. 采用隧道式发酵有哪些优点？ …………………………… 73
37. 双孢蘑菇播种前应做好哪些准备工作？ ………………… 74
38. 每平方米适宜播种量多少，菌种怎么处理？ …………… 75
39. 播种方法有哪几种？ ……………………………………… 75
40. 播种后的发菌管理要注意哪些问题？ …………………… 76
41. 播种后菌种不萌发或生长慢，怎么办？ ………………… 77
42. 播种后菌种萌发了，但不“吃”料，怎么办？ ………… 78

43. 栽培料内出现根索状菌丝是何原因？ …… 78
44. 发菌过程中常见杂菌有哪些，怎样防治？ …… 79
45. 发菌过程中常见害虫有哪些，怎样防治？ …… 82
46. 发菌结束后，料面上为什么要覆土？ …… 82
47. 覆土的适宜时期如何确定？ …… 83
48. 覆土前应做好哪些准备工作？ …… 83
49. 覆土材料怎样选择和配制？ …… 83
50. 覆土厚度多少为宜，2次覆土的好处是什么？ …… 84
51. 覆土后菌丝不爬土怎么办？ …… 84
52. 覆土层表面菌丝生长太旺盛怎么处理？ …… 85
53. 覆土后多长时间开始出菇？ …… 86
54. 出菇前的关键措施是什么？ …… 86
55. 光照太强对双孢蘑菇生长发育有哪些不利影响？ …… 87
56. 出菇后第一潮菇的管理要点有哪些？ …… 87
57. 出菇期间喷水管理要掌握哪些原则？ …… 88
58. 为什么菇蕾期不宜喷水？ …… 89
59. 为什么幼菇期不宜喷大水？ …… 90
60. 出菇期菇房如何进行通风管理？ …… 90
61. 为什么会出现小菇、密菇或丛菇，怎样避免？ …… 91
62. 为什么会出现死菇，怎样避免？ …… 92
63. 为什么会出现畸形菇，怎样避免？ …… 93
64. 怎样预防薄皮早开伞菇？ …… 93
65. 怎样预防空根白心菇？ …… 94
66. 怎样预防硬开伞菇？ …… 94
67. 怎样预防红根菇？ …… 95
68. 怎样预防地蕾菇？ …… 95
69. 怎样预防双孢蘑菇锈斑病？ …… 96

70. 出菇过程中出现鬼伞，怎样避免？ …… 97
71. 怎样促进第二潮菇的产生？ …… 97
72. 怎样补充营养液促进后期菇的增产？ …… 98
73. 怎样做好双孢蘑菇越冬管理？ …… 99
74. “干越冬”和“湿越冬”管理有何不同？ …… 100
75. 越冬后怎样进行春菇管理？ …… 100
76. “干越冬”后怎样进行春菇管理？ …… 101
77. “湿越冬”后怎样进行春菇管理？ …… 102
78. 双孢蘑菇夏季反季节栽培的关键是什么？ …… 103
79. 双孢蘑菇病害有哪些类型，怎样区别？ …… 105
80. 双孢蘑菇生理性病害发生的原因是什么，怎样防治？ …… 106
81. 双孢蘑菇侵染性病害发生的原因是什么，怎样防治？ …… 108
82. 双孢蘑菇药致性病害发生的原因是什么，怎样防治？ …… 111
83. 出菇过程中有哪些虫害，怎样防治？ …… 113
84. 菇体长到多大就可以采收了？ …… 116
85. 采摘前应做好哪些准备工作？ …… 117
86. 采摘时应该怎样操作？ …… 117
87. 鲜菇等级标准如何分级？ …… 117
88. 双孢蘑菇采后为什么必须进行低温保鲜？ …… 118
89. 如何设计建造双孢蘑菇保鲜冷藏库？ …… 119
90. 双孢蘑菇低温保藏需要注意哪些问题？ …… 119
91. 双孢蘑菇冷链销售包括哪几个环节？ …… 120
92. 为什么远距离运输必须采用冷藏车？ …… 121
93. 为什么鲜菇的产地销售价格起伏很大？ …… 121

94. 双孢蘑菇产品加工方法有几种，有哪些要求？ …………… 122
95. 盐渍双孢蘑菇能保藏多长时间，怎样加工？ …………… 123
96. 双孢蘑菇罐藏加工需要哪些设备条件？ ………………… 125
97. 怎样加工双孢蘑菇软罐头？ ……………………………… 127
98. 双孢蘑菇生产效益怎样，要防范哪些风险？ …………… 129
99. 贫困地区如何组织进行双孢蘑菇生产？ ………………… 131
100. 贫困户怎样参与进行双孢蘑菇生产？ ………………… 133

附录 ……………………………………………………………………… 135

附录 1　双孢蘑菇菌种(GB 19171—2003) ………………… 135
附录 2　双孢蘑菇(GB/T 23190—2008) ………………… 146
附录 3　山西省农业科学院农业资源与经济研究所
　　　　食用菌重点实验室简介 ……………………………… 154

主要参考文献 ………………………………………………………… 155

1. 双孢蘑菇产业规模及市场发展前景如何?

食用菌具有高蛋白、低脂肪、食药兼备的特点。食用菌含有丰富的维生素及多种矿质元素，对预防疾病具有特殊的作用，如维生素 B_1、维生素 B_2、维生素 B_3、维生素 B_{12} 及维生素 D、维生素 C 等。一个人每天吃 100 克鲜菇可满足维生素的需要。食和菌中含有较多的可溶性纤维素，可被人体吸收利用，并把人体中不能消化的物质带出体外。总之，食用菌不仅质地柔嫩、风味独特，而且含有相当高含量的蛋白质及多种氨基酸、维生素、多糖类、矿物质等营养成分，并且它的脂肪含量低，又富含纤维素，因此被联合国粮食及农业组织推荐为健康食品，将成为人类未来的重要食品来源，受到了世界各国广大消费者的普遍青睐。双孢蘑菇与其他食用菌如香菇、金针菇、草菇等一样具有很高的营养价值。据测定，双孢蘑菇中的优质蛋白质含量为 8.5%，500 克双孢蘑菇的蛋白质含量相当于 1 000 克瘦肉、1 500 克鸡蛋或 6 000 克牛奶中蛋白质的含量。

目前，世界双孢蘑菇产业已经发展成为年产量超过 800 万吨，产值数百亿美元的巨大市场。双孢蘑菇是我国传统栽培的大宗食用菌品种，产量占世界总产量的 35%以上，居世界首位，全国双孢蘑菇总产量已超过 300 万吨，产值 270 亿元。双孢蘑菇也是我国出口创汇最多的食用菌品种，全国食用菌出口产品中仅双孢蘑菇就占 30%左右。从我国食用菌产品的出口情况以及国外食用菌消费需求动态看，双孢蘑菇产品出口量仍会继续增长。从国内消费市场来看，随着我国人民生活水平的不断提高，国内消费市场对食用菌的需求逐步扩大，直接推动了食用菌产业的快速发展。据国家科技部中国农村技术开发中心有关专家的预测，今后我国食用菌消费量将保持每年 10%的增长速度，即意味着双孢蘑菇产量每年至少要增加30万吨以上，才能满足国内市场的需要。食用菌产业发展与市场行情长期看好，主要原因有以下几点。

一是随着我国经济的快速发展，居民收入水平越来越高，人们对绿色食品如低糖、低脂肪、高蛋白的食品消费需求日益增长，食用菌消费一直保持较强的增长势头。进入21世纪，危害人类健康的问题不是饥饿和营养不良，而是由于经济富有、食物富裕、体力活动减少而带来的慢性疾病，如心血管病、高血压、糖尿病等，而具有真核的菌类食品，以其能产生抗细菌、抗病毒作用，并对人体有保健功能而广受重视，受到越来越多人青睐，食用菌产业被认为是21世纪的朝阳产业。

二是从我国食用菌产业发展态势来看，主要体现在连锁经营、品牌培育、技术创新、管理科学化为代表的现代食用菌企业，逐步替代传统食用菌的随意性生产作坊式，快步向产业化、集团化、连锁化和现代化迈进。现代科学技术、经营管理、营养理念在食用菌产业的应用已经越来越广泛。

三是从国家产业政策和精准脱贫等社会大环境来看，食用菌生产已经到了发展的黄金时期。由于食用菌栽培技术是劳动密集型产业，在精准脱贫与解决农村劳动就业方面有着非常重要的作用。据报道，目前我国500多个国家级贫困县中，有400多个贫困县把食用菌产业作为精准脱贫的主导产业，已成为各地、各级政府调整产业结构实现精准脱贫的主要措施和政策取向。

四是食用菌产业还能带动畜牧业、种植业的发展，是实现循环农业的一个重要环节。采菇结束后的菌渣可作为有机肥料，在蔬菜及大田农作物中作为基肥再次利用，减少化肥的使用量，可促进土壤环境质量改善，实现资源的循环利用，有利于发展循环农业。

从近年来我国食用菌市场销售状况可以看出，食用菌产业处于需求旺盛，价位保持稳中略升的态势，但鲜菇市场价格主要受到供求因素和季节的影响，在不同年份间或同一年份内的波动起

伏仍较大。从鲜菇销售市场来看，呈现出很不均衡的状态，长江以南等南方市场鲜菇销售量占全国鲜菇销售量的70%以上，而华北及西北市场销售量还不到30%。例如，山西省生产的双孢蘑菇约90%都销售到了外省市，本地市场销售量很小，主要原因是山西省双孢蘑菇产业的发展起步较晚，产业规模小，销售市场对双孢蘑菇的认知程度低，加之销售环节中的产品保鲜不够，包装过大或太简易等问题，如通常以俗称“篮子菇”的塑料小筐盛装鲜菇，每筐“篮子菇”盛装2 500克的鲜菇，使消费者望而却步。因此，在鲜菇的销售、包装方面需要尽快改变，相信鲜菇的销售量会有一个很大的提高。

根据党中央建设社会主义新农村到2020年实现整体脱贫的要求，综合分析未来食用菌产业发展趋势和条件，双孢蘑菇产业规模将稳步扩大，生产技术水平不断提高。目前，从国内双孢蘑菇产业的分布来看，双孢蘑菇产业规模较大的主要集中在福建、山东、浙江、江苏等沿海的发达地区；从双孢蘑菇栽培形式来看，双孢蘑菇主要以季节型栽培为主；从双孢蘑菇生产模式来看，双孢蘑菇的栽培仍以中小农户为主，规模化生产企业比例不到25%，双孢蘑菇产业集中度仍然不高。近年来，我国借鉴国外食用菌工业化生产技术，在培养料发酵和栽培等环节进行工厂化生产，双孢蘑菇单产水平达到了国际标准，摆脱了季节性束缚，实现了周年生产。双孢蘑菇产业正由粗放式增长转向集约型增长。但是，在中小农户的双孢蘑菇生产中，栽培技术仍然是一个亟待解决的问题，相对于大田作物的生产，菇农对双孢蘑菇生产技术的掌握还需不断地提高。

2. 双孢蘑菇生产对环境条件有哪些要求？

按照《无公害食品　食用菌产地环境条件》（NY 5358—

2007）的要求，双孢蘑菇生产基地的环境质量应符合包括水源、大气、土壤、生态、卫生、地理、地形、地势等综合条件。详见表1、表2和表3所列标准。

表1　双孢蘑菇产地环境水源质量指标

项　目	指标值（毫克/升）
氯化物	≤250
氰化物	≤0.5
氟化物	≤3.0
总汞	≤0.001
总砷	≤0.05
总铅	≤0.1
总镉	≤0.005
铬（六价）	≤0.1
石油类	≤1.0

注：双孢蘑菇产地环境水源 pH 5.5～7.5。

表2　双孢蘑菇产地大气质量指标

项　目	指标值	
	日平均	小时平均
总悬浮颗粒物（TSP）（标准状态）（毫克/米^3）	0.30	0.50
二氧化硫（SO_2）（标准状态）（毫克/米^3）	0.15	0.15
氮氧化物（NO_X）（标准状态）（毫克/米^3）	0.10	
氟化物（F）[微克/（分米^3·天）]	5.0	
铅（Pb）（标准状态）（微克/米^3）	1.5	

首先，双孢蘑菇生产场地环境应选在远离污染或可能产生污染的地方，必须远离排放“三废”（废气、废水、废渣）的厂矿，没有污染源，防止有害废气、废水和尘埃造成的污染。此外，双孢蘑菇生产场地环境要远离生活垃圾、污水沟等，也不要建在环

境卫生条件较差，易发生虫、蝇的养牛或养猪场的旁边，否则在生产期间极易招致害虫咬食菌丝和菇体，增加灭虫用药成本，不利于双孢蘑菇质量安全生产技术的实施。

产地环境影响产品质量，好的环境是生产高品质产品的前提，但产品好了不能影响环境质量，例如栽培双孢蘑菇后的菌渣等废弃物不能随便乱扔，应采取无害化处理，不能影响环境质量。

在双孢蘑菇栽培中，原材料与水的用量之比大约为1∶3，栽培发酵料中的含水量在65%左右，鲜菇的含水量达到90%。因此，水源质量对双孢蘑菇的安全性有直接影响，应当使用符合《生活饮用水标准》（GB 5749—2006）的水源，绝对不能使用污水或臭水沟里的水，尤其是工业废水更不能使用，这类废水中除了重金属外，还有苯、醛、酚等有毒化合物，不仅不利于菌丝的生长，而且会污染菇体。

大气悬浮颗粒物、二氧化硫（SO_2）、氮氧化物（NO_X）、氟化物（F）、铅（Pb）是工矿区、公路两旁大气中的主要污染物。因此，双孢蘑菇栽培场地应建在距工矿区1千米以外的地方，同时不要建在公路旁。目前，已知二氧化硫污染对食用菌生长发育和品质有较大的影响，例如在冬季栽培中，用煤炉取暖的室内的蘑菇子实体会变成淡蓝色，这是由于子实体吸水性强，极易将煤烟中的二氧化硫吸附，并产生生化反应，生成亚硫酸盐（SO_3^{2-}）或亚硫酸氢盐（HSO_3^-），对人体有一定的毒副作用。

表3　双孢蘑菇覆土土壤质量指标

项　目	指标（毫克/升）		
	pH<6.5	pH 6.5～7.5	pH>7.5
总　汞	≤0.30	≤0.50	≤1.0
总　砷	≤40	≤30	≤25
总　铅	≤100	≤150	≤150

（续）

项　目	指标（毫克/升）		
	pH<6.5	pH 6.5～7.5	pH>7.5
总　镉	≤0.30	≤0.30	≤0.60
总　铬	≤150	≤200	≤250
六六六	≤0.5	≤0.5	≤0.5
滴滴涕	≤0.5	≤0.5	≤0.5

双孢蘑菇具有不覆土不出菇的特性，土壤质量通过土壤中重金属和农药的残留来评价。没有受到污染的土壤中重金属的含量通常都很低。因此，在选择双孢蘑菇栽培场地时一定要避开高污染的厂矿区。覆土材料要到远离污染源的山区取泥炭土、草炭土，避免土壤对双孢蘑菇的污染。

3. 怎样选择双孢蘑菇生产场地？

双孢蘑菇的生产场地主要是指出菇房栽培场所周边环境应符合食品卫生要求，按照《无公害食品　食用菌产地环境条件》（NY 5358—2007）的要求，除了要避开一切污染源外，还要求尽量选择在坐北朝南、地势较平坦开阔、靠近水源、水质良好、排水方便、光照充足、交通便利及有利于空气流通的地方。

4. 双孢蘑菇生产需要哪些基本条件？

根据双孢蘑菇生产工艺流程，分为菌种制作、栽培料发酵、出菇栽培、产品加工贮藏4个阶段，不同阶段需要不同的生产条件。

双孢蘑菇生产企业制作菌种需要有灭菌室、接种室、培养室及菌种贮藏库等基础设施和配套设备。栽培料发酵需要有发酵场地或发酵隧道，并配套堆料、翻料等运输、铲车机械设备。出菇栽培需要有菇房及喷水设施。产品加工贮藏需要有清洗池、冷藏库、冷藏车等。

一般农户栽培规模不大，主要购买双孢蘑菇栽培种生产时，则不需要建接种室、菌种培养室等，只要有出菇房和发酵配料场地就可以。如果农户能直接从生产企业购买到发酵好的栽培料，则发酵配料场地也不需要，只要新建菇房或利用闲置的房屋、窑洞等稍加改造，即可以进行双孢蘑菇栽培。

5. 双孢蘑菇栽培可以利用哪些设施？

双孢蘑菇栽培可以利用闲置的厂房、库房，校舍、民宅或废弃的窑洞、大型地窖、人防工事等。无论利用哪一种设施改造成菇房，都应根据双孢蘑菇生长发育对环境条件的要求，具有能够协调温度、湿度、通风的结构和功能，应能适时地通过对温度、湿度、通风的调节，满足双孢蘑菇菌丝生长与出菇需要。菇房要有较好的保温、保湿性能，不易受外界条件变化的影响；通风换气良好，外边的风不能直接吹到菇床上；墙壁要便于清洗，有利于防治杂菌及害虫等。

6. 新建菇房（棚）应注意哪些问题？

菇房（棚）是双孢蘑菇生长发育的场所，其好坏直接影响双孢蘑菇产量和品质的高低，因此在新建或改建菇房时必需要注意以下几点。

（1）菇房大小。菇房大小可因地而宜，但为了便于管理，新建菇房的面积不宜过大或过小。菇房过大、过深，菇房中部通风不良，通风换气不均匀，温湿度难以控制，杂菌、病虫容易发生和蔓延；菇房面积过小、过浅则利用率不高，成本大，而且不利于保湿。一般每座菇房占地面积以230～250米^{2}为宜，菇房从地面到屋顶高5～6米、宽9～10米、长23～25米，南、北墙搭出廊檐，并留一个约1米宽的走廊，这种规模的菇房管理方便，有利于运送栽培料和采收双孢蘑菇。

（2）菇房保温。菇房要有较好的保温性，一方面要防止热量外流，如双孢蘑菇培养料后发酵期间需要从菇房外部通入热蒸汽加温；另一方面不让外面冷、热空气侵入，如在秋、冬季子实体生长期。菇房墙壁、屋面要采取保温措施，一般墙厚25～30厘米，减少气温突然变化对双孢蘑菇生长的不利影响。

（3）菇房通风。双孢蘑菇生长发育过程中会产生大量的二氧化碳，同时双孢蘑菇生长又需要大量的新鲜氧气，要不断地通过通风换气进行控制和调节，把二氧化碳排出菇房，把氧气送进菇房。良好的通风，应在菇房缓慢扩散，对流而过，不留死角，能够“吃得进氧气、排得出二氧化碳”，才能满足双孢蘑菇生长发育过程中需要的新鲜空气。菇房通风主要依靠通气窗和抽风筒。一般菇房设4～5个35厘米×25厘米的通气窗，最上边的通气窗上沿一般略低于屋檐，最下边的通气窗要低，一般高出地面10厘米即可，因二氧化碳比重大，地窗开高不易排出。抽风筒设在每条走道中间的屋顶上，与通气窗成一直线。抽风筒一般高1～1.2米，筒下口直径40厘米，上口直径26厘米，顶端装风帽，风帽直径为筒口直径的一倍，帽边应与筒口齐平，这样抽风好，又可防止风雨倒灌。

（4）菇房结构。菇房屋顶应有45°角的斜度，如果菇房屋顶斜度不够，屋顶凝结水下滴造成上层菇床堆肥过湿，会影响出菇和产量。菇房墙壁要光洁，以防害虫躲藏，墙壁里面先用石灰泥

抹一遍，再用石灰泥刷一遍，墙壁外面用水泥抹缝，所有漏风处要堵塞，利于消毒和保温、保湿。

（5）菇床搭建。菇房内的床架设置和走道设计要合理，床架一般采用层叠式，多用竹木制作，有条件的也可用不易生锈的镀锌钢管等制作，便于清洗和预防杂菌和害虫（图1）。菇房的利用面积与床架、走道的设计安排有很大关系，菇床的宽度和层次要合适，既要经济地利用菇房的有效空间，又要便于管理、采菇及培养料的进出。

图1　用镀锌钢管和竹竿搭制的菇床架

菇房内床架为南北走向，排列方向和菇房的方向垂直，四边不靠墙，床架与床架间距60～70厘米，床面宽不超过1.2米，方便上料和采菇管理。菇房内空气流通的空间与菇床面积之比，即空间比应为5∶1，空间比过小，无法及时排出双孢蘑菇生长时所产生的二氧化碳和其他废气，易造成幼菇死亡或形成畸形菇而减产；空间比过大，菇房不易保温和保湿。

菇床底层离地面20厘米，每层间距60厘米，高度以5～6层为宜，顶层离房顶1.5米为宜。菇房内可设大、小走道，大走道宽1米，小走道宽0.6米。菇房长期处于潮湿的环境之中，菇床要承担每平方米60～65千克的培养料和覆土的重量，因此菇房和床架要搭建牢固。菇房地面要整平，地面铺砖，水泥灌缝，最好铺设水泥地；柱脚架必须绝对垫平，避免在软质沙土上搭建。

7. 窑洞式菇房有哪些利与弊?

窑洞式菇房包括土窑洞和砖砌窑洞，大型地窖、人防工事等也与窑洞类似，窑洞式菇房的优点是窑洞内温度较恒定、湿度大，有利于双孢蘑菇菌丝的生长；缺点是通风差，不利于子实体的生长，易出现长根菇等畸形菇或发生病虫害，必须合理设置通风设施和加强通风换气，才能满足双孢蘑菇生长发育的需要。

土窑洞是我国西北黄土高原区在双孢蘑菇发展初期采用的一种形式，例如山西省汾西县的 U 形土窑洞菇房是独具特色的一种双孢蘑菇栽培模式，黄土的硬度和黏度较强，适合修建窑洞，其特点是随地形开挖，不产生建筑垃圾，建造成本低，窑洞内冬暖夏凉，不利因素是洞内采光和通风较差，人工操作不便，特别是双孢蘑菇生长发育期间需要潮湿的环境条件，出菇期需要大量喷水，保持水分和湿度，土窑洞长期使用有可能出现土质受潮而出现塌窑的安全问题。因此，土窑洞菇房实际上存在着极大的安全隐患，应引起各方面的高度警惕，必须进行安全性升级改造，否则菇农的生命财产安全将受到极大的威胁。

砖砌窑洞也是我国西北黄土高原区存在的一种栽培双孢蘑菇的普遍模式，其优点是克服了土窑洞的不安全因素，通过在顶部设置抽风筒，窑洞两端设置进气窗解决了通风较差的问题，而且一年可以栽培双孢蘑菇 2～3 次，但缺点是造价比较高，不利于在一般贫困户中大面积推广应用。

8. 双孢蘑菇生产工艺流程是怎样构成的?

从构成一个完整的双孢蘑菇产业链角度来看，生产工艺流程如图 2。

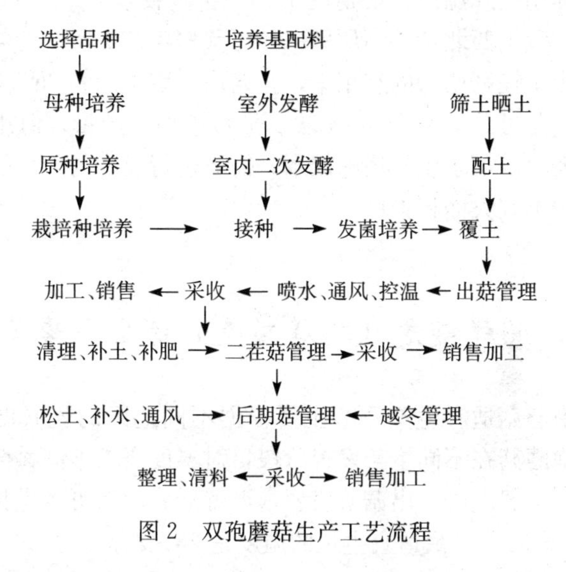

图 2　双孢蘑菇生产工艺流程

9. 双孢蘑菇生产周期多长，一年可生产几次?

双孢蘑菇一个生产周期一般为 170～180 天，即从母种制作开始到出菇结束需要 6～7 个月。各阶段菌丝培养和出菇期需要的大体时间为：母种 15～20 天，原种 25～30 天，栽培种 25～30 天，播种到出第一潮菇 35～40 天，出菇时间 70～80 天，共计 170～180 天。

可以根据实际情况来安排生产，如选择在 9 月初出菇，如果从母种开始，要在 4 月底或 5 月初制母种，如果直接购买原种，可在 6 月底或 7 月初制栽培种。依此类推，如果直接购买栽培种，那么可在 7 月初堆制发酵栽培料，7 月底播种，8 月中旬覆土，9 月初出菇。一年可生产的次数要根据不同的菇房结构来确定。普通地面砖结构或其他材料建成的漳州模式的菇房，在不采取任何加温或降温设备的情况下，一年可栽培生产1～2次，砖砌窑洞在我国西北黄土高原区一年可栽培生产2次。近年来，一些地区为了提高菇房的利用率，在菇房安装了加温和降温及通风设备，一年可栽培生产3～4次，虽然增加了产量，但用电负荷太大，大幅增加了生产用电成本，需要进行成本与效益的比较核算，否则不宜大面积推广。

10. 怎样确定双孢蘑菇适宜的生产季节？

双孢蘑菇适宜生产季节主要根据不同地区的气候温度来确定。双孢蘑菇在不同生长发育阶段，对温度要求不同，菌丝体生长阶段要求温度高，出菇阶段要求温度低。菌丝可以生长的温度范围是6～33℃，最适宜生长的温度是23～25℃，在此温度范围内菌丝生长快，菌丝健壮，生长势强。温度低于20℃，菌丝生长减慢，温度低于10℃，菌丝生长极其缓慢，恢复至适宜其生长的温度，菌丝又能恢复正常生长；温度高于25℃，菌丝生长速度加快，高于28℃菌丝较细弱，温度高于35℃，菌丝基本停止生长。最有利于双孢蘑菇原基分化的温度是16℃左右，子实体可以生长的温度范围是10～25℃，但最适温度是15～18℃，在此温度范围内菇体生长均匀，菌盖较厚，开伞慢，丛生菇多，幼菇死亡少。温度低于15℃，子实体生长开始减慢，温度低于10℃，幼菇死亡率增加；温度高于25℃，子实体生长速度加快，菌盖变薄，菇柄伸长易开伞。温度高于28℃，易导致大量幼菇死亡。同时，在高温下各种病原菌和害虫也极易滋生，造成病原菌侵染或害虫咬食子实体，因此子实体生长温度控制在适温范围的下限较为适宜。

根据上述双孢蘑菇的生长发育特性，双孢蘑菇在出菇期需要较低的温度，因此在确定双孢蘑菇生产季节时，一般采取在

较高的温度下培养菌丝体，在较低的温度下出菇的栽培方法。各地可根据气候变化，选择合理生产季节，使双孢蘑菇生长发育与当地的气候条件相适应。我国从南到北气候差异极大，由于各地气候差异和地形小气候不同，应根据当地的气象资料来确定双孢蘑菇的栽培适期，具体方法一般以当地昼夜平均气温稳定在20℃时为播种适期，由此计算往前推20天左右为栽培料发酵堆置日期。近年来，由于气候变暖与气候异常等极端因素的影响，为防止播种后气温持续处在高位或下降后又突然增高等异常气候对双孢蘑菇菌丝造成伤害，避免病虫害的大面积发生，我国大部分双孢蘑菇种植区都把发酵料建堆期推后了约15天。例如，我国北方山西省等地区，双孢蘑菇的栽培季节均安排在立秋前堆料发酵，立秋后上架铺料、接种，在中秋后或晚秋出菇，经过越冬期再延续到翌年春季出菇，才能完成一个生产周期。

11. 双孢蘑菇菌种从哪里来，可以自制吗？

菌种是栽培双孢蘑菇的基础，双孢蘑菇菌种最初都来源于野生的双孢蘑菇，主要采取2种方法获得，一是通过对野生双孢蘑菇子实体的菌肉进行组织分离、培养，二是采集野生双孢蘑菇的担孢子通过单孢或多孢杂交进行培养。

组织分离可以较快地获得双孢蘑菇的菌丝体，是一种常用的简便方法。组织分离技术需要注意几点，一是野生子实体一定要选择无病斑、无虫蛀、菌盖厚实、菌柄粗短、中等成熟、未开伞、菇形较大的健壮菇体。二是组织分离时严格按无菌操作的要求去做，双孢蘑菇要在接种室消毒灭菌后再带进去，操作时直接从菌柄处撕开两半，在菌柄顶端菌肉最丰富的部位取0.5厘米大小的菌肉转接到试管中培养（图3）。三是菌丝萌发后每天要观察记录温度与菌丝生长情况，通过对其纯度、长势、色泽等方面的质量鉴定，确定是淘汰还是保留下来继续进行出菇试验，通过出菇性能的测试，证明确实能够出菇，而且菇体质量、产量都好才行。

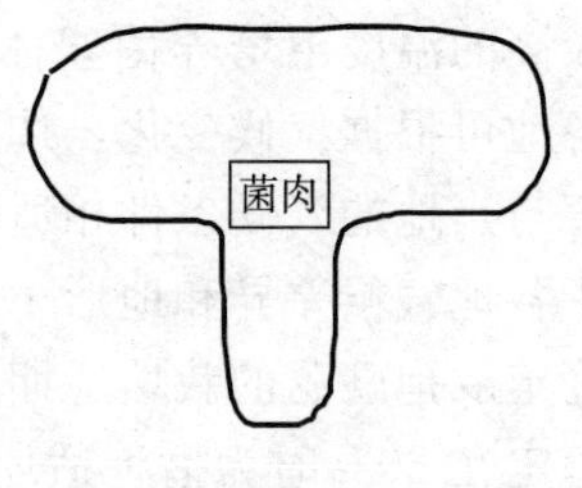

图3　蘑菇组织分离切面示意图

上述对野生双孢蘑菇子实体的组织分离培养，主要是作为一种对双孢蘑菇菌种来源的知识介绍，但不建议作为在生产上自制菌种的方法。生产上使用的菌种最好还是到正规的具有菌种选育条件的科研单位或制种单位购买。

12. 双孢蘑菇品种有哪些类型，如何选择？

根据双孢蘑菇不同品种在培养基上的菌丝生长特征、子实体色泽、栽培特性、商品性等方面存在的差异，划分为以下几种类型。

①根据菌丝体在试管斜面培养基上的外观特征，划分为气生型、半气生型、贴生型3种类型。

气生型：菌丝体主要生长在试管斜面培养基表面，次生菌丝洁白浓密、绒毛状、厚，生长在基质内部的菌丝，即基内菌丝较少，较浅。

半气生型（半贴生型或半匍匐型）：菌丝体生长特征介于气生型和贴生型之间，基内菌丝比气生型菌株多，比贴生型菌株少。菌丝体初期呈索状分布在基质表面，气生菌丝少，培养后期气生菌丝逐渐旺盛，白色至灰白色。

贴生型（匍匐型）：菌丝体紧贴培养基表面匍匐生长，气生菌丝少或无，菌丝灰白色或淡黄色，稀疏或致密，培养基内菌丝

伸入较多较深。

②从双孢蘑菇的菇体色泽上划分，有纯白色、奶油色和棕褐色 3 种类型。

纯白色双孢蘑菇：菌盖表面平滑，菇体通体纯白色。该类型双孢蘑菇鲜销或罐藏加工兼宜，是国际上栽培最多的品种，尤其在我国栽培的主要是该类型品种。

奶油色双孢蘑菇：菇体较大型，菌盖表面平滑或初期被有鳞片，菌盖白色或奶油色，菌柄白色。该类型双孢蘑菇适宜鲜销，世界各国栽培生产面积不大，产量少。

棕褐色双孢蘑菇：菌盖表面平滑，棕色或棕褐色，肉质致密紧实，菌柄白色。该类型双孢蘑菇口感好，适宜鲜销，但不适合罐藏加工，世界上仅在欧、美等少数国家种植，近年来我国也有少量发展，但栽培很少。

③从栽培生产特性上划分，有普通栽培品种和工厂化生产专用品种。

普通栽培品种：该品种适应广泛，对环境温度变化不太敏感，主要是一类适于一般农户采用季节性栽培的品种。

工厂化生产专用品种：该品种主要特点是出菇集中，第一、第二潮菇产量占总产量的 80%左右，适应工厂化高效率生产的要求，一个生产周期短至 60 天左右，一年可生产 5～6 次。

④从商品性上划分，有鲜销种、罐藏种、鲜销或罐藏兼宜品种。

鲜销种：用于鲜菇销售的品种，主要表现为个体较大，菇体圆正、无鳞片，菌盖厚，菌肉结实。

罐藏种：用于罐藏加工的品种，主要表现为个体中等大，菇体均匀、圆正，菌盖厚，菌肉结实，菌裙紧密，菌柄粗短，无脱柄。

鲜销或罐藏兼宜品种：综合了鲜销种和罐藏种的优点，是目前我国栽培生产面积最大的品种。

通过以上对双孢蘑菇不同品种特性的介绍，生产企业或农户在生产上怎样来选择适宜的栽培品种？首先要根据鲜销还是罐藏加工的市场需求，同时结合当地的气候因素、生产模式、菇房类型等来综合考量。目前，我国双孢蘑菇工厂化栽培的专用品种还很少，而且大部分是从荷兰、美国、法国等欧美国家引进的。适于小型企业或农户季节性栽培的品种主要有以下几种。

As2796：该品种为半气生型品种，在PDA培养基上菌丝呈银白色，基内菌丝和气生菌丝都很发达，生长速度较快；在麦粒或粪草培养基上菌丝粗壮有力；在含水量55%～70%的粪草培养基中菌丝生长速度基本一致，培养基最适含水量65%～68%。在10～32℃下菌丝均能正常生长，最适生长温度为24～28℃。菌丝生长较耐肥、耐水和耐高温。菌丝爬土能力较强，扭结快，成菇率高，子实体基本单生，20℃左右一般不死菇。秋菇1～3潮菇产量结构较均匀，转潮不明显，后劲强。鲜菇子实体圆整、无鳞片，有半膜状菌环，菌盖厚，柄中粗较短，菌肉组织结实，菌褶紧密、色淡，无脱柄现象。每千克鲜菇90～100个菇体，含水量较高，平均每平方米产菇15千克左右。

W2000：该品种半气生型品种，菌落形态中间贴生、外围气生。从播种到采收35～40天，播种后萌发快，菌丝“吃”料较快，抗逆性较强，爬土速度较快。原基扭结能力强，子实体生长快，转潮快，潮次明显，产量高。菌盖半圆球形，表面光滑，直径3～5.5厘米。菌柄近圆柱形，直径1.3～1.6厘米，子实体结实、圆整，多单生，适宜鲜销。

W192：该品种为贴生型品种，菌落形态贴生，气生菌丝少；子实体单生，菌盖扁半球形，表面光滑，直径3～5厘米；菌柄近圆柱形，直径1.2～1.5厘米。W192品种为季节性栽培，从播种到采收35～40天，每平方米投干料35～40千克，播种后萌发快，菌丝培养阶段适宜料温24～28℃，菌丝粗壮，“吃”料较

快，抗逆性较强，爬土速度较快。出菇适宜温度16～22℃，原基扭结能力强，子实体生长快，转潮时间短，潮次明显。该品种具有耐肥、耐水的特性，菇蕾形成前喷一次大水，可满足子实体生长发育对水分的要求。

13. 蘑菇菌种分几级，如何选购？

按照《蘑菇菌种》（GB 19171—2003）对蘑菇菌种的定义，根据其不同繁殖扩大阶段，分为母种、原种和栽培种。

母种是指经组织分离、单孢杂交等各种选育方法得到的具有结实性的菌丝体纯培养物及其继代培养物，以玻璃试管为培养容器和使用单位，以PDA（马铃薯、琼脂、葡萄糖）为培养基，在生产上又称之为一级种或试管种，

原种是指由母种移植、扩大培养而成的菌丝体纯培养物，常以玻璃菌种瓶、塑料瓶或聚丙烯塑料袋为容器，以麦粒、高粱粒等为培养材料，在生产上又称其为二级种。

栽培种是指由原种移植、扩大培养而成的菌丝体纯培养物，一般以聚丙烯塑料袋、玻璃瓶或塑料瓶为容器，以麦粒、高粱粒、棉籽壳等为培养材料，在生产上又称其为三级种。栽培种只能用于栽培，不可再继续扩大繁殖菌种。

菌种优劣会直接影响产量的高低，是保证丰产稳产的前提。如何选购菌种有几方面的要求：一是要选用适销对路并适宜当地气候及栽培条件，具有高产优质、抗杂菌等栽培性状优良的品种；二是要根据自身制菌生产条件选择购买母种、原种或栽培种，一般农户没有制菌条件和技术，可直接购买栽培种用于生产；三是无论选择购买哪一级菌种，都要到有制菌资质的正规单位购买，保证菌种质量，要求菌种容器不破裂，菌丝生长健壮、无污染、无虫害、不老化。

14. 制作培养双孢蘑菇菌种需要哪些设施?

制种设施主要包括原料棚、配料场地、灭菌棚、接种室、培养室及菌种贮藏室等。

原料棚：由于菌种生产所需的原材料，如麦粒、棉籽壳、玉米芯等体积大、尘埃多，不易存放在室内，一般在配料场地旁搭建成敞棚最好，既取用方便，又能防雨淋、日晒。

配料场地：先用砖铺底，然后再用水泥沙子抹1厘米厚，阴干即成，场地大小可根据拌料多少确定。也可直接利用原料棚内已有水泥地，不必再另建配料场地。

灭菌棚：用来放置常压灭菌锅或高压灭菌锅的敞篷或简易房间。

接种室：标准的接种室分为里、外2间，里间为接种间，又称无菌室，外间为缓冲间。要求接种室的房间地面、墙壁、顶棚要平整光滑，以便于冲洗和消毒；门窗要紧密，不能走风漏气，否则外边空气中的各种杂菌易随空气的流动进入室内，门为推拉式，顶棚中央各安装30瓦特紫外线灯和日光灯。缓冲间要有洗手处，并备有专用的工作服、鞋、帽、口罩，以及喷雾器和消毒药剂。接种间内应有工作台及常用工具和药剂，如酒精灯、酒精(70%、95%乙醇)、接种工具、脱脂棉、火柴或打火机、废物篓等，此外在接种间还应放置接种箱或超净工作台。

15. 制作双孢蘑菇菌种需要哪些工具或设备?

制作培养双孢蘑菇母种、原种、栽培种需要以下一些工具或设备。

(1) 接种工具。用于菌种的转接，接种工具除了有一些必须

购买外，部分可以自制。

①接种钩。主要用于母种转接到另一支试管中培养。接种钩可以自制，用细的自行车辐条，把一端的螺丝帽去掉磨成针状，然后把尖端 3～5 毫米处弯曲成直角即可。

②接种耙。适用于母种转接原种。接种耙也可以自制，要用粗一点的自行车辐条，把一端的螺丝帽去掉锤成扁状，把边缘剪齐并打磨光滑，然后把前端 2～3 毫米处弯曲成直角即可，接种时用接种耙划割试管斜面培养基 1 厘米大小的菌块，并快速地放入原种瓶内。

③接种铲。适用于原种转接栽培种，常用于铲除破碎原种瓶内的菌块。接种铲同样可以自制，用粗一点的自行车辐条，把一端的螺丝帽去掉锤成扁状，把边缘剪齐并打磨光滑即可。

④接种勺。原种转接栽培种时用来舀取菌块，用不锈钢勺和金属棒焊接而成。

⑤镊子。用于接种时镊取消毒棉、菌块等，应购买前端内侧带齿纹的长镊子。

（2）玻璃器皿等。主要用于制作母种或接种时使用。

①量杯。500 毫升和 1 000 毫升量程的量杯各一个，用于量度培养基。

②酒精灯。用于试管母种转管或转接原种时的火焰接种。

③漏斗、漏斗架、乳胶管、止水夹。用于向试管内分装培养基。

④广口瓶。用于盛放酒精或酒精棉球，接种时用其擦洗手和接种工具等。

⑤电磁炉、不锈钢锅。用于母种培养基的熬煮。

（3）菌种容器。用于盛装母种培养基、原种培养料、栽培种培养料的试管、菌种瓶、菌种袋等。

①试管。用于盛装母种，常用的规格有口径 18～20 毫米，长 180～200 毫米。

②菌种瓶（罐头瓶）。用于盛装原种，有玻璃瓶和塑料瓶2种。由于菌种瓶价格较贵，可用罐头瓶代替培养原种。但罐头瓶的缺点是口径大，易散失水分，接种时易被杂菌污染，可改进封口的方法，采用双层封口，第一层为聚丙烯膜，先在聚丙烯膜中间剪出直径约2厘米的圆洞，装料后先把它盖上，然后再盖上一层牛皮纸或双层报纸。接种时只需把牛皮纸或报纸打开，从塑料膜的圆洞处把菌种接入，再迅速把牛皮纸盖好即可。

③塑料袋。用于栽培种的生产，有2种材料的塑料袋，一是聚丙烯塑料袋，其优点是强度好，透明度高，便于观察菌丝生长情况，耐热性强，能耐132℃高温不熔化，缺点是低温时脆硬，温度越低越容易破裂。聚丙烯塑料袋常用的规格为长30厘米、宽17厘米、厚0.04～0.05毫米。二是低压聚乙烯塑料袋，其优点是质地柔韧，在低温条件下不易脆裂，竖向抗拉力强，但横向易撕裂，透明度略差，能耐115℃高温，一般用于常压灭菌。

（4）其他用具。

①温度计和温湿度计。用于观测培养室或菇房的温度和湿度用干湿球温度计，测培养料料温用玻璃温度计。

②衡量器材。包括天平（感量0.1克）与磅秤。

③拌料、装料工具。包括铁锹、小铲及水桶，有条件的还可购置拌料机、装瓶机、装袋机等。

（5）灭菌设备。灭菌是菌种生产的重要环节，有高压灭菌和常压灭菌2种方式，高压灭菌主要用于母种培养基和原种培养基的灭菌，常压灭菌主要用于栽培种培养基的灭菌。

①手提式高压灭菌锅。适用于接种工具、试管培养基或少量原种瓶的灭菌。

②立式高压灭菌锅。适用于原种瓶灭菌，其特点是容量大，一次能灭菌40多瓶。

③卧式高压灭菌锅。主要用于原种瓶或少量栽培种的灭菌，

一次能放200多瓶。

④蒸汽锅炉。安装在锅炉房内，可产生大量的蒸汽，通过管道输入到完全封闭的钢制灭菌柜，根据产气量多少，一个蒸汽锅炉可带一至数个灭菌柜，主要用于栽培种的灭菌，一次可灭数千袋栽培种，适用于规模化生产。

⑤常压灭菌设备。菇农自己建造的土蒸锅，容积可大可小，优点是经济适用、结构简单、容易建造，由于没有压力，灭菌温度一般不会高于105℃，缺点是灭菌时间长、燃料耗费多。不同地区菇农建造的土蒸锅各有优点，因此可参照当地的土蒸锅来建造。

(6) 消毒、杀菌药剂和器具。在双孢蘑菇生产上必须采取消毒与灭菌措施，才能防止和排除杂菌危害，使菌丝健康生长。消毒与灭菌是2个不同的概念。消毒主要是用各种消毒药剂对物体表面活体有害微生物的杀灭作用，如接种工具、接种环境等。灭菌则是指用物理或化学的方法杀死一、二、三级菌种培养料内外的一切杂菌，经过灭菌后培养料内基本上不存在任何活着的微生物。制作菌种过程中，一般使用的消毒、杀菌药剂和器具有以下几种。

①酒精。配制成70%～75%酒精溶液，擦洗手、接种工具、子实体的表面等进行消毒。

②煤酚皂液。配制成1%～2%煤酚皂液，擦洗超净工作台、接种箱、用具，或者用3%的煤酚皂液浸泡器皿1小时。

③漂白粉。配制成2%～5%水溶液，洗刷培养室、出菇房墙壁、地板、床架，有时也配制成1%水溶液，用于出菇期喷洒，防治子实体的细菌性病害。

④紫外线灯。主要用于接种间的空气或物体表面的消毒。紫外线对人体的皮肤、眼黏膜及视神经有损伤作用，因此应避免在紫外线灯下工作。

⑤噻菌灵。是一种杀菌剂，配制成0.1%水溶液，主要用于

防治双孢蘑菇褐腐病，也可用于培养室或出菇房出菇前的喷雾消毒。

⑥三乙膦酸铝。是一类广谱性杀菌剂，对防治绿霉、黄曲霉、根霉、链孢霉等杂菌有较好的效果。它有气雾型和拌料型2种，气雾型可用于接种间的空气消毒，防治各种杂菌的污染。

⑦消毒器。是一种臭氧发生器，主要用在接种间内，对各类杂菌有较好的杀灭作用，使用比较方便，异味小。

16. 菌种培养室应具备什么条件？

培养室不宜过大，可根据生产要求，分别设置原种培养室与栽培种培养室。母种培养由于试管体积小，一般都放置在恒温箱或自制的保温箱内。为了满足菌丝生长发育对环境条件的要求，培养室要有较好的保温性能，门窗应能关闭紧密，墙壁要厚，寒冷地区可做成双层门窗。培养室内要有培养架、电炉或火炉、换气扇或空调，干湿温度计要挂在培养架上距地面1.2～1.5米处。双孢蘑菇菌丝生长不需要光线，窗帘用黑布做成，培养菌种时应拉住遮光。

菌种贮藏室用于存放已培养好、暂时不使用的菌种，菌种贮藏要求黑暗、干净、通风、凉爽，最好有冷藏设备，才能保证菌种的贮藏质量。

17. 为什么接种时要在无菌环境下进行？

在食用菌生产上有2个术语要清楚，一是“杂菌”，主要是指对菌丝体或子实体产生危害的病毒、细菌、真菌等，所谓“杂菌污染”就是指在菌丝体生长的培养基上出现了这些有害微生

物。二是“无菌操作”，是指在接种室内的环境空间中，以及操作使用的工具与器皿、操作人员的手和衣服上都不带有“杂菌”活体微生物。

接种时必须在无菌环境条件下进行，就是为了防止杂菌的污染，接种时要注意以下几点。

一是接种室在使用前检查用具是否齐全，如酒精灯是否需要添加酒精，消毒棉球有没有、够不够，检查完毕后，把已灭过菌的试管培养基或原种瓶等搬入接种间（特别注意菌种不能同时放入），接种间和缓冲间用消毒液喷雾，开启紫外线杀菌灯，关好门窗，照射半小时。

二是半小时后关闭紫外线杀菌灯，先进入缓冲间，换上灭过菌的工作服、鞋、帽，戴上口罩，用药皂洗手，然后把需要转接的母种、原种等带上，带全需要的物品进入接种间进行接种。

三是接种前用75％酒精棉球擦手，操作时动作要轻缓，尽量减少空气波动，如遇棉塞着火，迅速用湿布压灭，切不可用嘴吹。如有培养物洒落地面或打碎带菌容器，应用抹布蘸取消毒液，将培养物或容器碎片收拾到废物篓内，并擦洗台面或地板，再用酒精棉球擦手后继续工作。

四是接种过程中严禁人员随便出入，如必须进出接种间时，切勿同时打开接种间和缓冲间的门，出去时应关好接种间的门后再开缓冲间的门，进来时应关好缓冲间的门后再开接种间的门。工作结束后应立即将台面收拾干净，把接好的菌种放入培养箱或培养室，其他不应放在接种间的物品也拿出去，最后用消毒液擦洗台面和地面，退出接种室后开启紫外线灯照射半小时。

五是如在接种室内使用接种箱，接种箱使用前和使用后同样必须彻底消毒，要用消毒液把箱内外擦洗干净，其他注意事项与前四项一样。如在接种室内使用超净工作台，其他注意也同前四项一样，但特别要把超净工作台的空气过滤网擦洗干净，调整好出风量，风量太大易把酒精灯吹灭，风量太小则难以保证操作区的无菌状态。

在实际生产中，除了按上述标准使用接种室外，如果原种转接栽培种量很大，接种室又太小不便于操作，可以把一个较大的房间隔离出一个接种区，在大房间接种室，可临时设置一个缓冲间，其他注意事项、操作规程、消毒灭菌方法应按照上述标准接种室的要求进行。

18. 怎样自制简易的无菌接种箱？

无菌接种箱主要用于母种转接或原种转接，适用于一般小型企业或农户使用。接种箱可以自制，一般用木材和玻璃加工制作，具体尺寸大小可参照图 4 的比例来定。制作无菌接种箱的其他要求是：接种箱内顶部安装 30 瓦特紫外线灯和日光灯各一盏，

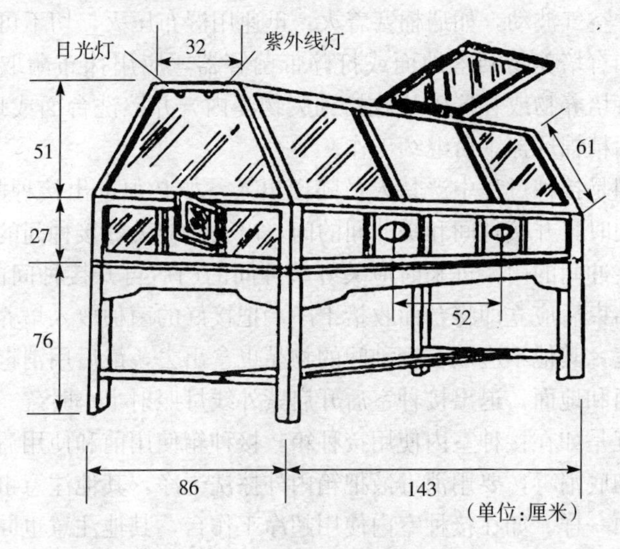

图 4　接种箱结构图
(引自杨国良等，2003)

接种箱的正面或背面 2 个口装有布套，类似于我们的袖套，双手由此伸入操作，2 个口外要设有推门，不操作时可以关闭。箱内一般只放置酒精灯、火柴和常用接种工具，其他物品待接种前才放入。由于空间小，箱内空气少，接种时间长了以后，酒精灯会熄灭，为避免酒精灯熄灭可在箱顶两侧各开一个直径 10 厘米左右的圆孔，并用数层纱布盖住，既防杂菌进入又有利于空气交换。

19. 怎样制作、培养、保藏和使用双孢蘑菇母种？

适宜双孢蘑菇母种菌丝生长的培养基配方有以下几种。

PDA 培养基：马铃薯 200 克，葡萄糖 20 克，琼脂 20～25 克，水 1 000 毫升，pH 7。

PDYA 培养基：马铃薯 200 克，葡萄糖 20 克，酵母膏 3 克，琼脂 20～25 克，水 1 000 毫升，pH 7。

CPDA 养基：马铃薯 200 克，葡萄糖 20 克，磷酸二氢钾 2 克，硫酸镁 2 克，维生素 B_1 1 片，琼脂 20～25 克，水 1 000 毫升，pH 7。

葡萄糖玉米粉培养基：葡萄糖 20 克，玉米粉 30 克，磷酸氢二钾 2 克，硫酸镁 1 克，蛋白胨 3 克，琼脂 20～25 克，水 1 000 毫升，pH 7。

葡萄糖小米培养基：葡萄糖 20 克，小米 50 克，琼脂 20～25 克，水 1 000 毫升，pH 7。

葡萄糖麦麸培养基：葡萄糖 20 克，麦麸 50 克，琼脂 20～25 克，水 1 000 毫升，pH 7。

PDA 培养基是一般食用菌母种培养中常用的培养基，通过对 PDA 培养基加富，即添加以下几种营养物对促进菌丝生长的效果较好。

酵母膏3克＋麸皮30克＋硫酸镁1克＋磷酸二氢钾1克；

蛋白胨3克＋玉米粉30克＋硫酸镁1克＋磷酸二氢钾1克；

玉米粉30克＋麸皮30克＋硫酸镁1克＋磷酸二氢钾1克。

上述培养基中都有琼脂，在培养基中起固化作用，当它与培养基一起加热到96℃以上时熔化成液体，趁热把培养基分装到试管摆成斜面，冷却到45℃以下后即凝固。琼脂在培养基中的加入量因使用季节或使用目的不同而异，一般在气温较高的夏季每1 000毫升培养基加入量为25克，其他季节加入量为20～23克。琼脂的加入量与质量有很大关系，购买时需注意，琼脂本身为透明状的质量较高，半透明状或乳白状的质量较低，质量越低，凝固性越差，需加入的量也越多。但是，制作培养基时琼脂加入量要适宜，加入过多，培养基凝固后会太硬，菌丝“吃”料费劲生长慢；加入量不够，培养基又较稀软，不便于接种。

母种制作方法：以PDA加富培养基制作为例，其他配方也可按下列步骤进行。

（1）准备工作。首先把试管洗净，口朝下摆放在试管架上晾干。然后，做好棉塞，棉塞的大小、松紧要与试管口配套。做棉塞时所用的棉花要适量，要做得圆滑硬实，不易变形。一般棉塞长4厘米，塞入试管的部分占棉塞总长的2/3。塞入试管的棉塞要紧贴管壁，不留缝隙，不易过紧，过紧透气性差，拔出或塞入都比较费劲，不便于操作；过松则棉塞易脱落或掉入试管内，试管内培养基的水分也易散失。棉塞的松紧度以提起棉塞试管不会掉落，拔出棉塞有轻微的声音为宜。

（2）制作过程。按配方要求准确称取各种材料的需要量，首先将马铃薯去皮，切成薄片，放在小铝锅内，加水约1 200毫升，把玉米粉或麸皮也加入，充分搅拌均匀，然后放在电磁炉或火炉上煮25分钟，边煮边搅拌，火不要太大，揭开锅盖不要使水液溢出锅外。煮好后趁热用双层纱布过滤，如果滤液不足1 000毫升，需加水补足。倒掉废渣，把铝锅洗净，再把滤液倒

回铝锅内，加入琼脂继续加热，不停地搅拌至琼脂全部熔化后，再加入葡萄糖、酵母膏（或蛋白胨）、硫酸镁、磷酸二氢钾，充分搅拌均匀，趁热分装试管。分装时，尽量不要使培养基液沾上试管口，如沾上了，要用湿布擦净，以免沾到棉塞上。如沾在棉塞上，一是灭菌后棉塞与试管易粘住，不易拔出，二是营养液附着在棉塞上易引起污染。培养基的分装量以试管长度的 1/4 或 1/5 为宜，装的太多不好摆斜面。分装完毕，塞上棉塞，每 6 支试管捆成一把，试管口棉塞部分用牛皮纸或双层报纸包住，用皮筋或线绳捆紧，口朝上，直立放入高压灭菌锅内，准备灭菌。

（3）灭菌。灭菌前锅内的水加至需要的刻度，盖紧锅盖不能漏气，加热到压力表指针指向 0.05 兆帕时，打开放气阀排出锅内冷气，让指针回到零的位置，关闭放气阀，继续加热。当加热到指针指向 0.1 兆帕时，开始计时，让压力表的指针一直维持在 0.1～0.15 兆帕，60 分钟后停止加热。特别要注意的是，此时千万不能打开锅盖，否则锅内突然减压，会使培养基快速上升沾到棉塞上，甚至冲出棉塞外。应让灭菌锅自然冷却，待压力表指针回到零位置后，先打开锅盖的 1/3，让气体逸出，利用余热烘干棉塞，3～5 分钟后掀掉锅盖，趁热取出试管摆放斜面。试管取出时要注意保持试管口始终朝上，然后再把试管口，即棉塞的一端慢慢放到木架上，使其成一定角度的斜面，一般摆放到试管内培养基的斜面占试管长度的 1/3 为宜。自然冷却后，培养基凝固成斜面状，收起存放。为了检查灭菌效果，可从中抽取几支试管，在 25℃条件下放置 5～6 天，看斜面上有无杂菌，没有杂菌就可供接种用；如果有杂菌，说明灭菌不行，需重新灭菌，灭菌方法与开始灭菌的方法一样，但时间可缩短一些，保持 0.1～0.15 兆帕的压力 30 分钟即可。

灭菌效果好坏，直接关系到菌种成品率的高低。因此，要严格把好灭菌关，严格执行检验制度，可采取以下方法进行：试管母种培养基经灭菌后，从高压灭菌锅中不同部位随机抽取 6 支试管，放置在25±2℃恒温箱中培养5～6天，如无真菌、细菌、酵母等杂菌出现，则认为灭菌彻底。

接种室或接种箱无菌效果的检验按下列方法进行：

平皿法：PDA试管培养基灭菌后，取6支试管把培养基倒在无菌平皿培养基上，先盖上盖，待冷却后把其中3支打开盖，放在接种室不同位置的台面上或接种箱内，放置5分钟，然后再盖上盖，其余3支不开盖为对照。把开盖组与对照组同时在30℃条件下培养72小时，检查平皿培养基上是否有真菌菌落，如果开盖组少于1个菌落，视为无菌室或接种箱基本合格。

试管法：取6支试管斜面培养基为一组，放置接种室或接种箱内，按无菌操作方法将其中3支试管的棉塞去掉，开口30分钟后再将棉塞塞住封口，其余3支试管斜面培养基为对照。开口组与对照组同时放在30℃培养72小时后观察，开口组没有长出任何菌落，则说明接种室、接种箱消毒良好。

(4) 母种转接。所谓接种就是菌丝体的转接，把菌丝从试管内转到另一试管的培养基上生长，或者把试管内的菌丝转到原种瓶内的基质上，只要菌丝从一个容器内被转到另一容器的基质上就称为接种。

优良菌株必须通过试管的转接，才能进一步繁殖扩大菌丝体，从而满足菇农购买和大规模生产的需要。菇农购买到试管母种后，通过试管转接扩大菌丝体，可以降低大量购买试管母种的开支，满足原种生产的需要。为此，掌握母种的转接技术有很强的实用性，基本操作程序见图5。

母种转接过程要在无菌条件下进行，按照进入接种间的程序进行消毒灭菌，再把母种和试管培养基带入接种间。接种前，接种台上（接种箱内或超净工作台都一样）要准备酒精灯、酒精、酒精棉球、接种钩及消毒液泡过的湿布等。先用酒精棉球擦洗双手和母种试管的管口部分，点着酒精灯，开始准备接种。接种时左手同时手持母种试管和要转接的试管，先揭掉母种试管的棉

塞，母种试管的管口部分不要离开酒精灯火焰上方的无菌区，右手拿接种钩，在酒精瓶内把接种钩的前半部分蘸一下酒精，抽出后在酒精灯火焰上再来回地烘烧接种钩的前半部分，然后把要转接试管的棉塞拔出，接种钩伸入母种试管取豆粒大的一小块带基质的菌丝，快速地放入到转接试管培养基的中间，塞上棉塞，即完成一次母种的转接过程。这样反复操作，很快就能完成一支母种的转管，一般一支母种可以转接 30～40 支试管。具体转接的数量，根据需要来定，需要量少时，可以把一支母种分成几次使用，即这次用不完，塞上棉塞，保存在冰箱内 5～6℃保藏，以后再用。

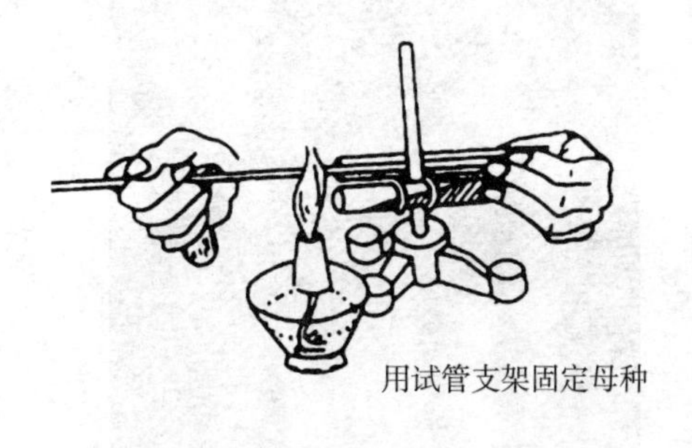

用试管支架固定母种

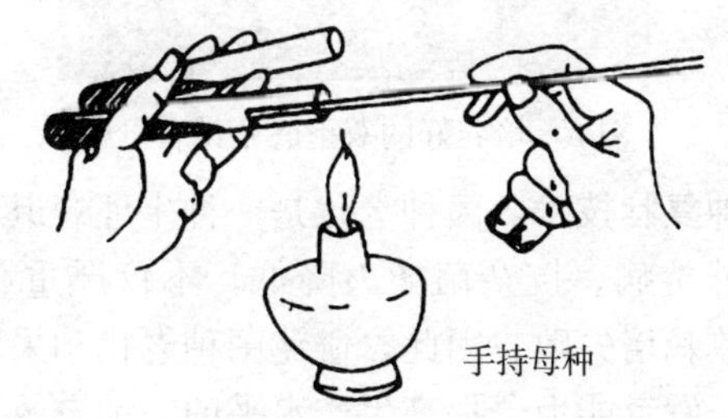

手持母种

图 5　试管母种转接方法

（引自杨国良等，2003）

在接种时应注意，接种针不要烧的太热，否则会把母种基质与菌丝烧住，沾在接种钩上不易掉下，这时可把接种钩在斜面培养基上划几下，如果菌块还黏着不下，应抽出接种针，用酒精棉球擦净接种钩，再在酒精灯上烤干，继续接种。

(5) 母种培养。接种后的试管，6支一捆用无菌的牛皮纸或报纸将试管的上部与棉塞包扎好，放入23～25℃培养箱培养。如果没有培养箱，可放在一个遮光的纸箱或木箱内，再把纸箱或木箱放入培养室或其他干净清洁、温度适宜的房间进行培养。正常情况下，培养15～20天菌丝可长满试管斜面，让菌丝再生长2～3天，就可转接原种（图6）。如果暂时不用，应在菌丝未长满斜面时就及时移入5～6℃的冰箱中中保存。

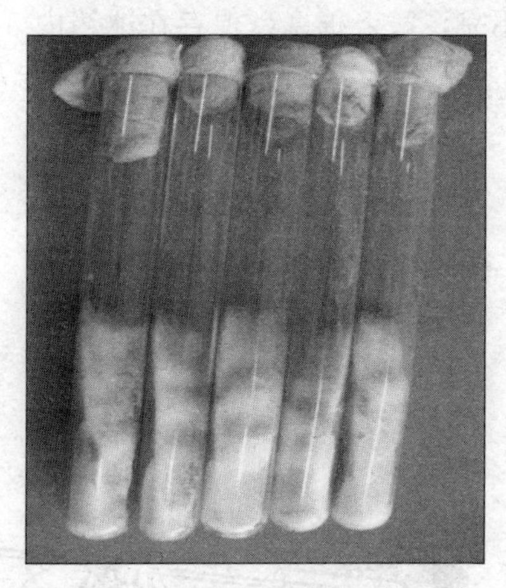

图6　培养好的双孢蘑菇试管母种

(6) 母种复壮技术。菌种老化是一种生理衰退现象，由于菌种老化使菌株抗病、抗杂菌能力降低，不仅严重影响产量和质量，甚至导致栽培失败。因此，避免菌种老化和采取复壮措施是恢复菌株生长发育能力、提高生产水平的一种有效手段，尤其是经过长期保藏的菌株，更需要对其进行复壮，才能应用于生产。在生产上主要采取以下措施避免菌种的老化和进行复壮。

一是选用优良菌株。根据不同的生产季节选用不同菌株，应具有较强的抗逆性和适应性，尤其菌丝体要有较好的耐水性与保水性，既能在水分较大的基质上生长，又能保持较长时间的水分，这样的菌种才有较强的生理活性，衰退慢。

二是要选用优质的培养基。要选用理化性状皆优的培养材料，在母种培养基中最好添加 30～50 克的麸皮。

三是要创造良好的培养环境。要保证菌丝在黑暗条件下生长，培养温度宁低勿高。要比适宜的温度低一些，菌丝生长慢一些，也不要温度太高，高温下菌丝生长虽然快，但是脱水也快，而培养基脱水是造成菌种老化的主要原因之一。

四是要有好的保藏条件。母种的保藏期满后要及时地转管，不要等培养基干缩后才转管。

五是控制转管次数。引进一个优良菌种后，不要把扩大繁殖的母种全部用完，应先保藏一部分。在每批次的菌种生产时，都从保藏的母种开始逐级扩大繁殖。这样每批次的菌种转接次数少，菌种生理活性强，不易老化。

六是不要长期使用同一种培养基配方，应交替使用不同的培养基配方。同一菌种长期使用单一培养基，菌丝的生长会出现细弱而稀疏、生长速度越来越慢的现象，究其原因，可能与酶活性的钝化、生理活性降低有关。

七是在保藏后的母种转接扩大培养时，在培养基中加入 3～5 克复合维生素，对老化菌种有很好的复壮效果。

八是气生型菌株、贴生型菌株和半气生型菌株在母种试管斜面培养基上的表现不同，在母种转接时要注意：①气生型菌株转接时挑取菌块标准是菌落形态饱满、浓白，菌丝尖端生长挺直、平齐，生长势强，分枝清晰，基内菌丝扎得较深，从试管培养基基质背面可见到轮状的生长斑纹。转管移植时要稍带基内菌丝，不要桃选菌丝过于浓白、生长势过旺的菌丝，沿试管上卷爬壁的菌丝一般不要使用。②贴生型菌株转管移植时不能挑取气生菌丝，要挑取基内菌丝扎根深、菌丝粗壮、生长势强的菌块，然后把长有贴生菌丝的一面朝向基质放置，并在斜面上多点分布接种块，有利于菌丝很快长满斜面。③半气生型菌株转管移植时要挑选气生菌丝和基内菌丝生长相对均衡的菌块，贴生型菌株基内菌丝深，气生菌丝不浓，比例适中，长势旺盛。

九是对有老化现象或生长不太正常的菌种要及时进行检验和鉴别，确定其老化原因，如果是病毒、细菌、真菌感染，应及时淘汰。

20. 怎样制作培养双孢蘑菇原种？

把母种转接在菌种瓶内的培养基上培养，菌丝体长满瓶后就成为原种。原种是通过进一步扩大菌丝体的生长量，为栽培种生产搭建的一个过渡桥梁。如果母种菌丝体直接接在栽培种袋（瓶）上，绝大部分菌丝生长不良或者会死亡。因此，通过原种的培养，使菌丝逐渐适应新的培养基质，为菌丝提供一个继续生长的良好环境。

(1) 培养基配方。培养原种所用的原料有麦粒、高粱粒、棉籽壳等，添加的辅料有白糖、麸皮、磷肥、石膏等。这些原料可按以下配方配制。

麦粒培养基：麦粒98%+白糖1%+石膏1%。

高粱粒培养基：高粱粒95%+麸皮3%+白糖1%+石膏1%。

棉籽壳培养基：棉籽壳87%+麸皮10%+白糖1%+石膏1%+磷肥1%。

上述所有配方的酸碱度（pH）装瓶前均为7；含水量根据不同配方材料稍有差异，一般在65%左右。装料容器为菌种瓶或罐头瓶，采用双层封口，第一层为聚丙烯膜，先在聚丙烯膜中间剪出直径约1.5厘米的圆洞，装料后先把它盖上，并用皮筋扎住。然后再盖上一层牛皮纸或双层报纸，也用皮筋扎住。接种时只需把牛皮纸打开，从聚丙烯膜的圆洞处把菌种接入，再迅速把

牛皮纸或报纸盖好即可。

(2) 制作方法。

①麦粒原种的制作。麦粒营养丰富，颗粒大小适中，有较好的吸水性和透气性，因而菌丝生长快、粗壮有力，菌丝量也多，是制作原种的较好材料。要选用干净、无霉变、籽粒饱满的麦粒，在水中浸泡5～6小时让其自然吸收水分，待籽粒吸水膨大后，再捞入开水中焖煮15～20分钟，边煮边搅拌，上下翻动，火不要太大，以焖为主，不要把麦粒煮开花。当煮至麦粒不软不硬，掰开内无实芯时捞出空去多余水分，加入石膏拌匀装瓶。装瓶不宜太满，装至瓶肩为宜，装好后把瓶擦干净，特别是瓶口内外要擦净，然后，盖上塑料膜和牛皮纸进行灭菌。高压灭菌在0.1～0.15兆帕压力下保持1.5～2个小时，常压灭菌需6～8个小时。

②高粱粒原种的制作。制作高粱粒原种的程序与麦粒原种的制作方法基本一样，可参照去做。

③棉籽壳原种的制作。棉籽壳质地松软，吸水、保水性好，营养成分较高，适合双孢蘑菇菌丝的生长。要选择无霉变、杂质少、壳皮不要太碎、含棉絮适中的棉籽壳，先按棉籽壳与水1∶1.6的比例拌起，然后再按配方比例加入麸皮、石膏、磷肥，磷肥如果是颗粒状的要碾碎后再加入，充分拌匀后用塑料膜覆盖3～4小时，让材料吸足水分。装瓶前将含水量调整在65%左右，即用手紧握指缝间有水滴下为宜。装瓶时边装边压紧，装至瓶肩即可，装好后用细木条在瓶中间扎一个约1厘米直径的圆洞，圆洞要通至瓶底。然后，把瓶身及瓶口的内外擦净，盖上塑料膜和牛皮纸进行灭菌。高压灭菌在0.1～0.15兆帕压力下保持2～2.5个小时，常压灭菌需8～10个小时。

(3) 接种与培养。

①接种。灭菌后的原种瓶，当温度降至25℃以下时，先用干净的抹布把瓶体及瓶盖上沾有的泥土或杂质擦干净，然后将原种瓶搬入接种间，并按照消毒程序对接种间进行消毒灭菌。接种

时再把母种试管拿到接种间，用70%酒精棉球把接种钩、试管表面擦一下，然后点着酒精灯，在火焰上把试管口和接种钩烤干，取指甲盖大小的一块母种转入原种瓶内。需要注意的是，试管口不要离酒精灯火焰太近，否则易把试管烧裂或菌种取出时烫死菌丝。接种钩也不能烧的太热，否则也易把菌丝烫死或附着在接种钩上导致其不易被放置在培养基上。

接种过程最好2个人配合进行，一人开原种瓶盖，另一人从母种试管中取菌种，2个人配合，开盖与取菌同时进行，打开盖的同时正好菌种也取出能及时放入瓶内。不要开盖过早等菌种，也不要过早取出菌种等开盖，尽量缩短原种瓶开盖时间和菌种在空气中的暴露时间。接种过程中如菌种掉在瓶外，就不能再拣起放入瓶内，如掉在塑料膜盖上要用接种钩勾入原种瓶，不能用手拨入。如发现原种瓶的纸盖有破裂的，要换上灭过菌没有破裂的纸盖。一般一支试管的母种可转接5～6瓶原种。

②培养。原种接完后写上标记，放在培养架上或恒温箱内培养。培养室要干净卫生，在菌种放入前，要对墙壁、床架、地面进行彻底的消毒。培养初期温度在24～26℃，以促进菌丝的萌发，当菌丝开始“吃”料后，温度要逐渐降至21～23℃，有利于菌丝的健壮生长。原种菌丝的生长要求在黑暗条件下培养，要用黑布作窗帘。

在原种培养过程中，要定时检查菌丝的生长情况。第一，要看菌丝是否萌发，在24～26℃条件下，一般在第三天菌丝就会萌发，第四天就可看见萌发出的白色菌丝。第二，要看菌丝是否开始“吃”料，一般菌丝萌发后就会向下生长，沿基质向四周扩展，就好像菌丝在“吃”料。第三，要看瓶内是否有杂菌污染，如果在瓶壁上、瓶口和菌块旁出现绿色、黑色、黄色或其他不正常色泽的斑点，说明菌种已受到污染，应及时拣出，在室外将斑点挖掉埋入土中，剩下的部分掏出重新调整水分和pH，再装瓶、灭菌、接种。

21. 怎样制作培养双孢蘑菇栽培种？

把培养好的原种进一步转接在栽培种袋内的培养基上，菌丝体长满后即成为栽培种。制作栽培种的目的是继续扩大菌丝体的量，以满足出菇生产的需要。在生产上有足够的原种可供使用时，原种也可以直接用于出菇生产，省去了栽培种制作这一环节。在大部分情况下由于原种有限，仍需通过栽培种扩大繁殖。

（1）原料与配方。制作栽培种所用的材料主要是麦粒、高粱、棉籽壳，玉米粒和玉米芯也可以用，但不如前者效果好。用麦粒、高粱制作栽培种，其配方、制作工艺流程、技术要求等与原种的制作方法基本一致。

麦粒培养基：麦粒96%＋麸皮5%＋石膏1%。

高粱培养基：高粱90%＋麸皮9%＋石膏1%。

棉籽壳培养基：棉籽壳88%＋麸皮10%＋石膏1%＋磷肥1%＋石灰1%。

混合料配方：麦粒50%＋棉籽壳43%＋麸皮5%＋石膏1%＋磷肥1%。

（2）制作方法。用小麦、高粱制作栽培种培养料，制作工艺流程、技术要求等与原种的制作方法基本一致。用棉籽壳制作栽培种培养料与原种基本一样，但制作方法与原种不同，要采取短期发酵技术，培养料须经过发酵后才能装袋灭菌，发酵期3～4天，发酵目的是促使培养料内的杂菌孢子萌发，由于杂菌孢子萌发后不耐高温，装袋后通过高温灭菌，就可以有效地杀灭杂菌，减少栽培种污染率，促进菌丝的生长。

棉籽壳栽培种的制作方法如下。

①材料配制。先按50千克水加入0.5千克石灰的比例，配制成1%的石灰水，再按料水比1∶1.5的比例，把棉籽壳用1%的石灰水拌起，然后把麸皮、石膏与磷肥均匀地撒在料堆上，再

充分拌匀后建堆发酵。

②堆积发酵。先把培养料堆积成圆堆状，用铁锹把在圆堆的顶部和四周向下捅几个圆洞，圆洞要通至料堆的底部，这样做的目的是为了料堆内的气体能够交换，使发酵上下均匀。在料堆上再插入杆状水银温度计，然后用塑料膜把料堆完全覆盖，再用砖块或其他泥土等把塑料膜的边角压紧，不要让大风把塑料膜卷走，让培养料进行自然发酵。

建堆后，料堆内温度与气温有很大的关系。在夏季高温天气下，一般在建堆当天2～3个小时后，料温就开始上升，发酵的第二天，扒开料堆的表层可看到有一层培养料变为灰白色，这是在高温放线菌作用下产生的现象。如果把料堆以横切面刨开，可以看到料堆基本上分为3层，即底层、中间层和表层，中间层就是培养料变为灰白色的这一层。这时中间层温度最高，表层次之，底层温度最低。当料堆中间层温度达到60℃后，这时应把塑料膜掀掉，把料堆翻一次。翻堆时要注意，先把料堆表层扒下来放在一边，等把中间层即灰白色层扒下来铺在新建料堆的底部后，再把表层培养料铺在它的上边，最后把剩下的底层培养料翻上去，翻堆时如发现培养料有点干，应边翻培养料边撒些石灰水，既补充水分也防止培养料在酸性条件下发酵。建堆后用铁锹把料堆再向下捅几个圆洞，覆盖塑料膜继续发酵。发酵第三天，当料堆中间层温度再次达到60℃后，掀掉塑料膜再次翻堆，翻堆时要把各层培养料上下充分混匀后，先翻一遍。翻第二遍前，要先测定培养料含水量和pH。含水量标准是在65%左右，即用手紧握培养料在指缝间有水纹出现或有水滴下。pH标准为7，因为培养料在经过灭菌后pH会下降1左右，因此在装袋前pH要略高一些，这样在经过灭菌后pH会自然下降到6左右，正适合菌丝生长的实际需要。一般培养料在经过发酵后，由于水分蒸发和发酵产生的有机酸作用，料内的含水量和pH都较低。如果含水量和pH都较低时，可直接向料堆上洒石灰水；如含水量合

适而 pH 较低时，在料堆上洒干石灰粉；如含水量较低而 pH 合适时，在料堆上洒水即可。翻过第二遍后，再测定含水量和 pH，如含水量和 pH 都已合适，即可装袋；如含水量和 pH 都不合适或其中一个不合适，就必须继续调整，直至调整到都合适才可以开始装袋。

③装袋灭菌。培养料含水量和 pH 调整好后，立即装袋或装瓶，不可放置太长时间，尤其在夏季，如果放置时间过长，培养料内的含水量和 pH 会发生变化，必须重新调整含水量和 pH。装袋时边装边压实培养料，但不要压得太紧，注意不要撑破菌种袋，松紧度以用手捏能有小坑，松手后小坑又能恢复原状为宜。用装袋机装袋时，则用右手托住菌种袋，让培养料慢慢顶出即可，如果装的松，再用手压紧。装完袋后立即放入灭菌锅灭菌，不要放置太长时间，尤其在夏季，如果放置时间较长，袋内培养料就会发酸发臭，pH 迅速下降，灭菌后也不利于菌丝的生长。菌种袋装锅时要把菌种袋以“井”字形摆放在锅内，这样可在菌种袋间留有较大的缝隙，有利于灭菌时高热气体的流通，对袋的各个面灭菌都比较彻底。高压灭菌在 0.1～0.15 兆帕压力下保持 2～2.5 个小时，常压灭菌要在锅内温度达到 100℃后继续灭菌8～10 个小时，停火后不要立即打开盖，利用余热焖上 3～4 个小时后再开锅取袋。

混合料栽培种制作方法如下。

制作混合料原种，应先将麦粒浸泡和煮好，与发酵好的棉籽壳混合，含水量掌握在 65%左右，pH 为 7，装瓶灭菌可参照其他培养材料的制作方法去做。

通过麦粒与棉籽壳的混合增加了保水性又具有较好的透气性。因此，采用混合料不仅可以满足菌丝生长的需要，还可大大降低生产成本。

(3) 接种与培养。

①接种。栽培种量大，在接种室不便操作时，可另选择在一

个宽大的房间内接种。先把房间打扫干净，再用3%石灰水对房间的各个角落包括顶棚和地面，进行全面喷洒，窗户封严实，不要走风漏气，然后把灭菌后的菌种袋搬入，摆放成“井”字形，再对房间进行彻底消毒，用3%三乙膦酸铝粉剂300倍液在房间内喷雾，使室内空气中的杂菌或尘埃黏附在雾珠上下落。消毒完毕半小时后，把原种瓶拿进房间，先用干净的抹布或者是1%三乙膦酸铝粉剂100倍液将瓶体及瓶盖擦洗干净，然后用70%酒精棉球将把手擦洗干净，点着酒精灯在火焰上方揭掉瓶盖，再用镊子夹上酒精棉球把瓶口内外擦洗一遍，同时在酒精灯火焰上烤干瓶口与镊子，即可开始接种。接种时应2个人配合进行，一个人解开袋口，另一个人从原种瓶用镊子往菌种袋里拨取菌种，两个人要配合好，开袋与取菌同时进行，打开菌种袋口的同时正好菌种也取出能及时拨入袋内。不要开袋过早等菌种，也不要过早取出菌种等开袋，尽量缩短开袋时间和菌种在空气中的暴露时间。接种过程中如菌种掉在地上，就不能再捡起放入袋内。这样反复进行，接完一瓶再接另一瓶，一般一瓶原种可接栽培种20～25袋。

②培养。栽培种全部接完后，搬入培养室培养。培养初期温度可略高一点，在23～25℃，以促进菌丝的萌发，当菌丝开始“吃”料后，温度要逐渐降至18～21℃，有利于菌丝的健壮生长。栽培种菌丝的生长要求在黑暗条件下培养，因此要用黑布作窗帘，菌种袋在地面摆放时，要根据室内的通风情况与温度高低，确定菌种袋的位置、密度和层高，具体要注意以下几点：

a. 菌种袋摆放位置。一般来讲，墙角等空气不易流同的死角，尽量不要摆放菌种袋，因为在菌丝萌发生长过程中需要消耗大量的氧气，并排出二氧化碳，如果空气不能有效流通并补充氧气，就会形成局部的氧气不足，抑制菌丝的生长。因此，摆放菌种袋时除了要考虑墙角等因素外，还应注意空气流动的方向，菌

种袋摆放成一排一排后要与空气流动的方向相一致，这样才有利于空气在室内的自由流动。此外，为了使各个菌种袋中的菌丝生长一致，在培养过程中可经常地调换菌种袋的位置或朝向，有助于菌丝的生长。

b. 菌种袋摆放高度。菌种袋摆放的适宜高度与室内温度有关，由于菌种袋内菌丝的生理活动要产生一定的热量，上下袋之间接触部分的热量不易散发，因此在上下袋之间接触区的温度，总是高于室内的自然温度，而且摆放层数越高，比室内的温度也越高。在菌种袋多层摆放时，不同层间菌种袋的温度差异，以低层最低，顶层次之，这是由于低层的菌种袋与地面接触，可通过地面带走部分热量，而顶层菌种袋的热量也可通过空气的流动带走部分热量。为了避免菌种袋温度太高不利于菌丝的生长，特别是在高温季节室内温度较高的情况下，菌种袋温度太高时易产生“烧菌”现象。因此，室内温度太高时，菌种袋应以单层摆放为宜，最多也只能摆放2层。

菌种袋摆放时不同层间的温度差异，对菌丝生长有不同的影响，例如摆在最底层的菌种袋，由于温度较低生长缓慢，而摆在其上面的菌种袋，温度较高生长也快，为了使各层菌种袋间的生长速度能够一致，可通过翻垛和倒袋的措施，即每隔几天要把菌种袋重新摆放，把原来中间层温度高的菌种袋摆在低层，再把低层的菌种袋摆到上边。

c. 菌种袋摆放密度。菌种袋摆放密度除了要考虑空气的流通问题外，主要是与室内温度有关。为了保持菌种袋温度，满足菌丝生长对温度的要求，温度越低时菌种袋摆放应越紧密。但是，在菌种袋紧密摆放时，菌丝生长所需的氧气供应又成了问题，这是一对矛盾，解决的办法是要通过倒袋，即每隔3～4天把菌种袋重新摆放一遍，里层的菌种袋放到外层，外层的菌种袋再放到里层，这样既满足了菌丝对温度的要求，又能及时地呼吸到氧气，基本能保证每个菌种袋的菌丝生长一致。

22. 双孢蘑菇制种失败的原因是什么，怎么解决？

双孢蘑菇制种过程分为3级，每一级都不能出错，否则会导致制菌失败。母种制作失败则后续原种不能生产，如果栽培种失败则前功尽弃。制种失败会严重影响正常的双孢蘑菇生产，延误播种时机，打乱生产节奏。因此，3级菌种制种过程环环相扣，每一个环节都不能出错。

制种失败的原因主要有2类，一是菌种质量太差，具体表现为菌丝细弱、生长速度慢、生长乏力，有时甚至长不满试管、菌种瓶或菌种袋。二是杂菌污染，具体表现为试管、菌种瓶或菌种袋内有点状或斑状的真菌。

怎样解决制种失败的问题，关键有2点，一是严格按照母种、原种、栽培种的技术规程要求操作，从配方、灭菌、接种到培养的全过程都要精心细致，不能马虎。二是要熟悉掌握所用品种的生物学特性，首先要保证母种的质量，及时挑除有杂菌感染或有异常现象的试管。母种在培养过程中要随时检查菌丝的生长情况，仔细观察培养基斜面是否有杂菌污染，特别要注意细菌的污染。如果被真菌污染后，培养基斜面上会出现不同颜色的真菌孢子，根据颜色的不同很容易判定真菌的污染。而细菌污染则不同，发生不严重时，仅在培养基表面出现泡状的不是很白的小点，菌丝生长快时，菌丝会把它盖住，不容易被发现。但是，这种被细菌污染的母种，如果被用来继续转接试管母种，会使更多的试管母种被污染；如果被用来转接原种，则会把细菌带到原种瓶内，而原种瓶内的细菌就更不易被发现，如果原种接着转接栽培种，那么栽培种也会被细菌污染。

23. 双孢蘑菇制种时为什么会发生杂菌污染，怎样避免？

双孢蘑菇制种时发生杂菌污染，不论是母种，还是原种或栽培种，存在的共性问题是灭菌不彻底和操作过程不严格带入杂菌，怎样避免杂菌污染，制作时需要注意以下几个问题。

（1）避免母种被杂菌污染需要注意的问题。母种试管培养基放入高压灭菌锅灭菌时要注意排净锅内的冷气，否则压力虽然达到了0.1～0.15兆帕的要求，但由于锅内冷气的影响温度却达不到标准要求。灭菌锅内的温度要在达到100℃以后开始计时，并保持45～50分钟，停止后自然冷却至压力表降到0.05兆帕以下，再打开安全阀缓慢放气，压力表指针归零后再焖上10分钟，然后开盖取出试管摆成斜面。

检验母种试管是否灭菌彻底，试管内是否有细菌或其他真菌存在，可采用简单的检测方法：把母种试管放置2天，试管内无冷却水珠后在30℃的恒温箱培养48小时，如果没有细菌或真菌菌落产生，说明灭菌彻底，可以使用；如果发现有细菌或真菌菌落产生，说明灭菌不彻底，首先要查找出原因，然后重新灭菌，经检验无杂菌后，才可以使用。

如果使用保藏的母种转接试管时，要仔细观察棉塞表面和塞入试管内的棉塞，如发现棉塞上有绿色、黄色或黑色的小点，说明棉塞上有杂菌，棉塞上的杂菌极易掉落在试管内培养基上，这样的母种绝对不能再使用。

（2）避免原种被杂菌污染需要注意的问题。原种培养基要选用没有发霉的材料（包括辅料），如果材料中有霉变，例如发霉变质的麦粒，杂菌被包裹在麦粒的种皮内，起到了保护杂菌的作用，即使在高温（121℃）下也很难把它杀死。其他材料，如棉籽壳中的棉仁发霉后，也很难在高温下把它杀死。遇到这种情况，可采取的办法是把发霉变质的麦粒检出扔掉，发霉的棉籽壳要堆积发酵2～3天，一是让棉籽发芽顶破种皮，二是让杂菌萌发，杂菌在高温下很容易被杀死。

原种用高压灭菌锅灭菌时与母种的灭菌要求一样，要注意排净锅内的冷气。采用常压灭菌时，灭菌锅内的温度要在达到100℃以后开始计时，并保持10～12个小时，停止后不要立即取出菌种瓶（袋），再焖上3～4小时效果会更好。灭菌结束后取出菌种瓶（袋）时，要先看瓶盖是否完好，纸盖有没有破裂，皮筋有没有脱落。纸盖有破裂的要换上好的，皮筋脱落的要赶快用皮筋把纸盖重新扎好，菌种袋破裂的要及时用胶带粘住。

原种培养基灭菌是否彻底，检验方法是：从高压灭菌锅或常压灭菌锅中分层随机取样6瓶（袋），放置在25～28℃恒温培养箱中培养6～7天，检查是否有真菌菌落生成，如出现真菌杂菌污染，说明灭菌不彻底，应找出污染原因进行改进，否则不能作为原种培养基使用。

母种转接原种时要选用没有污染、生长健壮的母种。如果接种后发现菌种块周边有细菌斑点或被其他真菌污染时，说明母种本身带有杂菌或接种操作过程中不严格带入杂菌。首先，要对使用的母种进行仔细观察，看棉塞上和试管内有无绿色、黄色或黑色的小点，若发现棉塞上或试管内有杂菌，说明试管已被杂菌污染，不能再使用。如果母种没有问题，那么接种时2个人要配合，熟练快捷地操作，在接种过程中不要随便出入，也不要有在接种室内来回走动，不要抽烟等。

原种培养在高温、高湿环境下，易引起菌种污染。培养过程中如遇到突发的高温、高湿天气，要加大培养室通风换气，降低温、湿度，把菌种瓶（袋）散开单层摆放在地面上，有利于降低瓶（袋）内温度。

（3）避免栽培种被杂菌污染需要注意的问题。怎样避免栽培种被杂菌污染需要注意的问题与原种基本一样，但也有不同。首

先，栽培种装袋后要尽快灭菌，不要放置太长时间，否则培养料会在细菌的作用下酸败发臭，有一股很难闻的味道，pH 也很快下降，不适宜菌丝的生长。灭菌时要保证温度达到要求和维持足够的时间，此外需注意在装锅时，菌种袋间要留有空隙，锅内不要装的太满，要留有一定的空间，使蒸汽能够流通，保证菌种袋均匀受热，灭菌的效果才会更好。

栽培种培养基灭菌是否彻底，可按原种无菌检验的方法进行检验。

在接种时，首先要对原种进行仔细的检查，发现污染的坚决不用。但是，有时在打开瓶盖后，仍然会发现原种瓶的表层或者是里边仍有污染点，这样的菌种即使只有很小的一个霉点，也最好暂不使用。应赶快把瓶盖再盖上，不要去拨动污染点，否则会把杂菌孢子沾在接种工具上，或是散布在空气中，污染接种环境。在把所有的原种用完后，如果还有部分栽培种袋没有接上菌种，而且又没有其他原种可用时，可把污染的菌种拿到室外，先用石灰泥将霉点盖住，然后扩大范围深挖下去一下把石灰泥和霉点掏出，再把 0.5～1 厘米的表层菌种刮掉，同时换上无菌的瓶盖拿回室内，再继续按无菌操作的要求进行接种。

在栽培种袋上，如发现不同部位有杂菌斑点则是灭菌不彻底的问题。但是，如果污染仅发生在袋口或接种块的附近，就是接种的问题，可能是操作不当或接种间消毒不彻底该问题的注意事项是，接种间要彻底消毒，其他注意事项与原种接种相同。

菌种袋破裂也是杂菌污染的一个原因，裂口较小时，可用胶带粘住，裂口较大时，要再套上一个菌种袋。菌种袋上有裂口或者有不易察觉的针眼大的小洞，有的属于质量问题，有的是人为所致。菌种袋有聚丙烯和聚乙烯 2 种，聚丙烯的硬度和抗拉力都较好，但是在低温下较脆易破裂，有时在折缝上易出现裂口或是针眼。聚乙烯比聚丙烯的硬度和抗拉力都较差，但是不怕低温，除了易在折缝上出现裂口或是针眼外，在装袋过程中由于用力不均，使菌种袋的局部变薄，甚至出现裂口；或者是材料中有碎砖块、玻璃碴等硬杂物等，易刺破菌种袋产生针眼。在装锅、出锅的搬运中，如搬运工具破损不平整，极易划伤菌种袋；搬袋时手指甲太长也易扎破菌种袋；摆放菌种袋时，地面不干净，有易刺破菌种袋的石块等。此外，虫害和鼠害也是菌种袋破损的一个重要原因。

栽培种培养过程中最高温度不能超过28℃，温度太高将抑制菌丝的生长，同时也易引起菌种的污染。因此，在栽培种的培养过程中，除了正常的翻垛和倒袋外，应经常检查菌种袋的温度，检查方法是在菌种袋间夹放一支温度计，如温度升高接近28℃时，就要及时翻垛。特别是遇到突发的高温、高湿天气时，更要加大培养室的通风换气，最好把菌种袋单层摆放在地面上，加大菌种袋的散热面，降低袋内温度。

24. 双孢蘑菇制种过程中常见杂菌有哪些，怎样防治？

在双孢蘑菇菌种制作过程中，危害菌丝体的常见杂菌主要是真菌和细菌。真菌类有青霉、木霉、根霉、毛霉、曲霉、链孢霉等，由于这些杂菌的侵染在培养材料上常表现为发霉的症状，所以又称之为霉菌。真菌的生物学特征及共同的特点是以腐生方式生存，能进行有性繁殖，菌丝体比较发达。细菌类的有黄单胞杆菌、芽孢杆菌等。这些杂菌与双孢蘑菇菌丝争夺养分，有些杂菌还会分泌有毒物质抑制菌丝的生长。以下对不同杂菌的特征、危害性及防治措施做简要介绍。

(1) 黄曲霉（*Aspergillus flavus*）。

①症状特点。黄曲霉主要存在于霉变的麦粒、高粱粒中，黄

曲霉除了对双孢蘑菇菌丝造成危害外，危害更严重的是其代谢产物黄曲霉毒素对人体具有极强的毒性和致癌性，它能使动物发生急性中毒死亡与致癌。目前，已发现的黄曲霉毒素有20多种，黄曲霉毒素耐热性很高，在280℃才能使其裂解破坏毒性，但在强碱性条件下，可使黄曲霉的内脂环破坏形成盐类。

黄曲霉适宜在温度为25～32℃、湿度为80%～90%的环境下生长繁殖，在试管培养基上菌落初期为黄色，随着分生孢子产生逐渐变为黄绿色至褐绿色。在原种或栽培种培养料中，黄曲霉易在发菌的初期或后期发生，发生的主要原因，一是培养料中自然存在，培养基配制时含水量偏低，造成发酵不均匀、灭菌不彻底；二是接种过程操作不规范，菌种袋封口不严实，有破损等，使黄曲霉分生孢子进入造成再侵染。

②防治方法。不用发霉变质的麦粒、棉籽壳、麸皮等作为培养材料。将石灰水调整pH至10左右，浸泡处理麦粒一天，然后清洗至pH为7左右。棉籽壳通过发酵后再降到适宜的pH（7～8）。含水量要适宜，不能太低，充分地翻堆使发酵均匀利于灭菌。严格按操作要求进行接种，注意菌种袋不要破裂，封口要严实，防止脱落。

（2）青霉菌（*Penicillium* spp.）。

①症状特点。青霉菌的菌丝为白色，较细呈扭曲状。在培养料上初出现时为一白色的小点，之后扩展为白色绒毛状平贴的圆形菌落，接着菌落上产生大量绿色的分生孢子，使菌落的中间变成深绿色或蓝绿色的粉状菌斑，外围则仍有一圈白色的菌落带。这种菌落一般扩展较慢，而且有局限性，即当菌落扩大到一定程度时边缘会呈收缩状而基本不再扩展。但是菌落上的绿色分生孢子在空气或人为的作用下，会飘落在培养基的其他部位或紧临其原菌落，继续萌发成大小不等的菌落，在这些菌落密集产生时就会自然连接成片，菌落的表面再交织在一起，形成一层膜状物，不仅使培养基的透气性变差，严重阻碍双孢蘑菇菌丝的生长，同

时还会分泌出毒素使菌丝死亡。

②防治方法。青霉菌是双孢蘑菇易感杂菌之一，在接种环境条件差、接种操作不严时常发生在试管斜面培养基前端、原种瓶的瓶口或栽培种袋口表面。由于青霉菌分生孢子的传播是发生污染的主要途径，因此在发现青霉菌初次侵染后，千万不要在接种室或培养室打开试管、菌种瓶、菌种袋去拨动青霉菌菌落，否则会使其分生孢子在室内传播开来，造成人为的扩散。必须保持接种间、培养室的干净卫生，严格按接种程序进行操作。

母种、原种一旦被青霉菌污染后决不能使用，应废弃。栽培种菌种袋内如果污染的菌落面积不大，菌种袋通过处理还可再用时，但应拿出室外先用石灰泥盖住全部污染的菌落，然后再把它挖出埋入土中，防止扩散。

(3) 木霉菌（*Trichoderma* spp.）。主要有绿色木霉（*T. viride*）和康氏木霉（*T. koningii*）2个种。

①绿色木霉。

a. 症状特点。绿色木霉发生特点是其菌丝在与双孢蘑菇菌丝接触后发生缠绕，同时分泌出毒素切断并杀死双孢蘑菇菌丝。绿色木霉污染发生过程是，如果是在母种培养基上，先长出纤细略透明的菌丝，然后变为白色絮状的菌丝充满试管，接着很快产生绿色的分生孢子，同时在培养基内分泌出淡绿色的色素；在原种瓶或栽培种袋内发生污染时，先在培养料上长出白色致密的菌丝，然后形成边缘不清晰的菌落，无固定的形状，接着产生绿色的分生孢子，使菌落从中心到边缘逐渐变为深绿色的霉状物。绿色木霉在25～30℃生长较快，适宜在酸性条件下生长。分生孢子的传播是发生再污染的主要原因，分生孢子在高温、高湿的条件下萌发快、萌发率高，当温度在25～30℃、湿度在95%左右时很快萌发，湿度低于60%时则萌发率较低。因此，在生产上6～8月高温季节，如果培养基呈酸性且含水量偏大，在湿度大、通风不良的情况下，最易发生绿色木霉的污染。

b. 防治方法。在菌种培养阶段，加强通风，降低湿度能有效地防治绿色木霉的污染，并采取预防措施，每隔5天左右定期在培养室内喷洒50%多菌灵可湿性粉剂或50%三乙膦酸铝可湿性粉剂300～400倍液。

②康氏木霉。

a. 症状特点。在试管培养基上，康氏木霉先长出微毛状无色的菌丝，后变为纯白色的菌丝，接着产生绿色的分生孢子，双孢蘑菇菌丝可与之产生一定的拮抗作用，但由于其生长迅速，菌落很快扩展布满试管，培养基不变色。在菌种瓶或菌种袋内，先在培养料上长出白色致密的菌斑，然后迅速生长占满料面，并深入到料内继续生长，不断产生绿色的分生孢子，使菌种袋从外到里逐渐变绿，最后发软腐烂。康氏木霉菌丝能耐很高浓度的二氧化碳，在缺氧的情况下也能旺盛生长，在25～30℃生长最快，适宜在酸性条件下生长。康氏木霉的分生孢子易在高温、高湿的环境下萌发，康氏木霉的分生孢子借气流的传播是发生再污染的主要途径。

b. 防治方法。康氏木霉同样是在高温、高湿、通风差的情况下易发生，因此防治办法与绿色木霉的防治办法基本相同。

(4) 毛霉菌（*Mucor* spp.）。

①症状特点。在试管内培养基上发生毛霉菌污染时，毛霉菌丝初期呈灰白色絮状，产生孢子后逐渐变为有光泽的黄色或褐灰色。在菌种瓶或菌种袋内发生污染时，在培养料上首先长出稀疏的灰白色气生菌丝，并快速生长布满料面，继续生长菌丝会越来越密集，在密集层上形成孢子囊组成的许多圆形灰褐色的颗粒。此外，毛霉菌菌丝还可快速地深入培养料内生长，使菌种袋变成黑色。

②防治方法。毛霉菌在土壤、空气、培养材料中都有存在，是一种好湿性杂菌，在潮湿的环境中生长迅速，可产生大量的孢子飘浮在空气中或落在菌种袋上，造成菌种袋的初侵染或再侵

染。毛霉菌的抗性较强，一般杀菌剂对其作用不大，因此应以预防为主，不要在闷热潮湿的环境下接种，在菌种培养过程中，注意温度、湿度与通风的管理，适当地降低湿度（80%以下），如果湿度较大时，一定要加大通风量，尽可能地保持较干燥的环境。

(5) 根霉菌（*Rhizopus* spp.）。

①症状特点。在母种培养基上发生根霉菌污染时，初期在培养基的表面出现灰白色或黄白色匍匐状的菌丝向四周扩展，匍匐菌丝每隔一定距离就长出与基质接触的假根，通过假根从基质中吸取营养和水分，然后在基质表面产生许多黑色的圆球形颗粒状孢子囊，看起来就好像许多倒立的大头针，这是根霉菌最明显的特点。在菌种瓶或菌种袋内发生污染时，在培养料上首先长出白色匍匐菌丝，在向四周蔓延中匍匐菌丝与培养料接触处长出褐色的假根，接着在假根处长出黄白色的孢子囊，孢子囊成熟后破裂散出黑色的孢囊孢子，孢囊孢子靠气流传播发生再侵染。

②防治方法。在自然状态下，根霉菌存在于土壤、空气、动物粪便、农作物秸秆及培养材料中，根霉菌也是喜湿性菌类，在潮湿的环境下生长旺盛，防治办法与毛霉菌防治方法相同。

(6) 链孢霉菌（*Neurospora* spp.）。

①症状特点。链孢霉菌是一种气生菌丝生长迅速的气生霉，主要发生在7～8月的高温季节。链孢霉菌丝白色疏松，较长呈网状，在气生菌丝丛的顶部形成枝链。菌丝在5～44℃均能生长，一般在25℃以下生长较慢，在30～35℃生长最快，耐高温，在40～44℃仍能快速生长。分生孢子为红色或橙红色，在空气中借气流或风力传播，在10～40℃均能萌发，在20～30℃萌发率最高。在高温、高湿的环境下，菌种袋一旦被链孢霉菌污染后，就会在料面上迅速形成粉红色或橙红色的蓬松霉层，这层霉层会把菌种袋的塑料膜撑起，看起来非常光滑，就像袋内注入了气体一样，如果塑料膜上有孔隙，则霉层又会快速地伸出袋外，

在袋外的塑料膜上布满呈球状或团状的橙红色分生孢子堆。在原种瓶内发生链孢霉污染时，橙红色霉层也会拼命地从塑料膜盖的封口处挤出，并产生一个橙红色的球状或团状体，就像挂在瓶口处，可见链孢霉菌的这种气生性、好气性是十分顽强的。在母种被链孢霉菌污染时，也会在棉塞外产生橙红色的小球状体，特别是在棉塞受潮时，棉塞上会布满这种橙红色的团状物。

②防治方法。链孢霉菌在土壤、栽培材料和空气中均有存在，接种或培养环境条件差、培养料灭菌不彻底、菌种袋上有破洞、棉塞受潮或漏气，是造成双孢蘑菇被链孢霉菌侵染的主要原因。侵染后链孢霉菌能产生大量的分生孢子散布在空气中，通过气流传播落在培养料上后发生再侵染，使污染面迅速扩大，在生产上经常造成边生产边污染的不利局面。因此，链孢霉菌的侵染一旦发生后，尤其是发生再侵染后，空气、墙壁、地面等整个环境中都有其分生孢子，防治就很困难，会给生产带来很大的损失，尤其在高温季节是一种对双孢蘑菇生产危害最大的杂菌。

防治链孢霉菌的办法，首先是培养基的灭菌要彻底，其次是要把握好接种环节，除了保持环境整洁外，严格按接种要求进行操作，母种的棉塞、原种的瓶盖、菌种袋的口圈与纸盖都要封严实，不要漏气，防止菌种袋被硬物等划破。在菌丝培养过程中，注意温湿度与通风的管理。一旦发现污染后，要及时地把污染源拿出室外，在远距离的地方进行掩埋或烧毁处理，防止出现二次污染。如果污染面较大时，要立即停止生产，待把全部的污染源处理完毕后，再对空气、墙壁、地面等整个环境进行一次彻底的杀菌消毒，方可再进行生产。为了防止有可能出现的再污染，有条件的话新生产的菌种袋最好与旧袋隔离分开培养，以确保生产的顺利进行，否则，反复的污染将使一个生产季节颗粒无收，甚至会影响到全年生产计划的安排与实施。

(7) 细菌。

①症状特点。细菌是一类单细胞形态的微生物，营养体不具

丝状结构，繁殖很快。在母种制作时发生的细菌污染比较明显，如果灭菌不彻底，在接种前就可发现培养基斜面上有点状或片状、白色或无色的黏液，说明试管已被细菌污染，不能用。在接种后出现细菌污染时，一般先是在接种块或其旁边产生白色或黄色的黏液，如果接种块上出现时会造成菌丝不能萌发，或稍萌发一点即被细菌黏液包围，无法生长。在接种块附近出现的细菌斑点不大时，如果菌丝萌发很快，生长迅速，双孢蘑菇菌丝就会把细菌斑点覆盖，如果没有及时把这种被细菌污染的试管挑出来，那么这样的母种就不纯，带有杂菌，再转接母种或原种时还会造成新的污染。原种或栽培袋发生污染时，培养料会发黏、发酸、发臭，双孢蘑菇菌丝萎缩死亡。

②防治方法。母种培养基的细菌污染易发生在基质太软、凝固不好、斜面上有水珠的情况下，因此在配制培养基时要适量多加入琼脂，尤其是在夏季高温的季节，灭菌后要等水珠没有后再接种，并按接种要求来操作。接种后要仔细观察有无细菌污染，防止把带有细菌的菌种转接到原种中。原种和栽培种培养料含水量要适宜，不宜太大，否则易在积水处发生细菌污染。

25. 双孢蘑菇制种过程中常见害虫有哪些，怎样防治？

双孢蘑菇在制种过程中发生的虫害主要是腐生性的螨虫类、线虫类害虫，俗称为“腐烂虫”。其为害方式为幼虫咬食菌丝体，大量发生后幼虫对菌丝体的危害最大，能在短时间内使菌种袋内菌丝消失，发生所谓的“退菌现象”。

(1) 螨虫类。

①形态特征。螨虫类在分类上属蛛形纲、蜱螨目的一个类群。由于螨虫的体形较小，犹如虱子，故又称“菌虱”。常见的

螨虫种类有粉螨（*Tyroglyphus farinae*）、嗜菌跗线螨（*Tarsonemus myceliophagus*），发生危害的主要是粉螨。

粉螨较小，卵圆形，体长不超过1毫米，背面黄褐色，有横沟，把躯体分成2部分。前部为颚体部，着生2对前足，后部着生2对后足，口器咀嚼式。休眠体圆形，繁殖力强，在25℃适温下15天繁殖一代，产卵几十个，成虫有性二型现象。粉螨一般潜伏在秸秆、米糠、麸皮等培养料中，依靠雄虫的吸盘吸附在蚊蝇等昆虫体上进行传播。粉螨可以为害菌丝体和子实体，它可以从菌种瓶和菌种袋的封口处钻入瓶或袋内把菌丝咬断，造成菌丝的衰退，甚至把菌丝大部分吃光，使得菌种瓶和菌种袋报废。

②防治方法。菌种通过高温灭菌后瓶（袋）内不会有粉螨的存在，发生的害螨全部来自于外界，因此一定要搞好培养室内外的环境卫生，并尽量使培养室与原料的存放隔离较远，及时清除杂物废料。在原种或栽培种培养过程中，封口要严实，一旦发现菌种内有粉螨时，决不能使用，同时防止人为地把害螨带入菇房。

(2) 线虫类。

①形态特征。线虫的种类很多，常见的有噬菌丝茎线虫（*Ditylenchus myceliophagus* Goodey）、刚硬全凹线虫（*Panagrolaimus rigidus* Thorne）、三唇线虫（*Trilabiatus* spp.），发生危害的主要是噬菌丝茎线虫。

噬菌丝茎线虫为白色长圆柱形，长约1毫米，宽约0.03毫米，两头稍尖细，不分节，半透明。前端为头部和口唇，口针长约10微米，背食道腺开口接近口针基部，侧线每侧各6条，后食道球非常大。该虫的危害方式是其分泌的消化液通过口针注入菌丝细胞，然后吸取和消化菌丝的营养。菌种受到噬菌丝茎线虫的侵害后，菌丝体变稀疏，培养料呈疏松状。

②防治方法。噬菌丝茎线虫在潮湿的土壤、粪肥、草堆及各种腐烂的有机物上及不清洁的水中都有存在。在菌种培养室主要

是由于人员进入时，尤其是在阴雨天进入时，脚上附着的泥土中存有噬菌丝茎线虫。该线虫体小而密，菌种培养室一旦发生线虫危害后，很难一下根治，因此重在于防。出入菌种培养室时最好更换拖鞋，不要让闲杂人员随便进入，保持地面的清洁卫生。发现噬菌丝茎线虫后，要及时地把受到线虫侵害的菌种清理出菇房，若发生严重时可用磷化铝进行熏杀，磷化铝有极强的毒性，在使用时要严格按照使用说明要求进行操作。

26. 双孢蘑菇菌种质量标准包括哪几方面，如何鉴定？

双孢蘑菇菌种质量主要包括母种质量、原种质量和栽培种质量，可以从菌种纯度、菌丝长势和菌龄等几个方面进行检查和鉴定。

（1）母种质量的检查与鉴定。母种质量好坏直接关系到后续生产是否能够继续进行，把好母种质量关，是双孢蘑菇生产技术中的重要环节。母种质量好坏有两方面的含义，一是菌株生物学特性是否适合当地气候和栽培条件，不能单凭菌丝生长快慢来判定其优劣，必须结合出双孢蘑菇性能的测试才能证明其好与坏。二是菌种优劣，除了受遗传性影响外，还与制种技术和培养条件等有关，如消毒灭菌不彻底、操作不规范，或营养、温度等没有满足菌株要求，生产出来的菌种就可能被污染，或者是菌丝细弱长势差，这样的菌种不可能发挥出优良菌株的特性。因此，必须在母种转管后对其质量的优劣有一个基本的判断，以确保母种菌丝在进入下一个生产环节后是没有问题的，双孢蘑菇母种质量的鉴定可从以下几方面进行。

①菌种纯度。纯度是鉴定母种质量优劣的首要标准，所谓纯度有以下两层意思。一是菌株要纯，有稳定的遗传性状，没有老

化或退化，不存在隐性污染。隐性污染的症状一般不明显，在培养基上没有任何杂菌，培养基配方营养及培养环境条件也没问题，转管后菌丝萌发较好，初期生长也不错，但之后菌丝却是越长越弱，这种情况下就可能是菌株存在着隐性污染。它与菌种老化或退化的区别是，隐性污染的初期菌丝萌发较好，而菌种老化或退化后，菌丝的萌发力就非常弱。二是基质要纯，要使用没有感染任何杂菌的纯培养基转接母种，接种前或接种后培养基中出现黄色、红色、绿色、黑色等不正常的色泽时，说明母种已被污染，必须废弃不能使用。基质污染有真菌污染和细菌污染两类，细菌污染主要是在培养基上接种块旁或周围出现浅白色至淡黄色的泡状、黏糊状或片状的东西，菌丝生长快时会把细菌斑点盖住，转接原种或栽培种后，会使培养料发酸发臭，严重影响菌丝生长。

②菌丝长势。菌丝长势是指菌丝生长的速度和态势，母种培养中，凡是菌丝生长健壮、生长速度快，菌丝繁茂、菌落厚的就应该是好菌种；而菌丝生长细弱、稀疏、灰白、菌落薄，肯定不是好菌种。

③菌种菌龄。菌龄有以下两种算法。一是以母种继代的次数，即以试管母种转管的次数来计算菌龄。以 M1 表示母种一代，那么 M1 转接后的试管母种就是 M2，即母种二代，如果 M2 再转接后就变为 M3。依次类推，M 后的数字越大，说明菌种的菌龄越大。二是以母种培养时间和保存时间的长度，即从试管母种转接后就开始算起，菌丝从萌发到长满试管斜面以及以后保存的天数都算菌龄。例如，2 支试管母种 A 和 B 都是 M2，培养时间短的 A 菌龄小，培养时间长的 B 菌龄就大。如 A 培养时间为 15 天，保存时间为 15 天，加起来一共是 30 天，而 B 培养时间为 20 天，但保存时间只有 5 天，加起来一共是 25 天，这时 B 的菌龄小，A 的菌龄反而大。菌龄大小对菌种质量的影响，表现在菌种随着培养时间的延长，生理活性会逐渐降低，菌龄越大，生理活性越低。如果把菌龄大的菌种，继续转接试管母种或

原种，则其萌发力就不如适龄的菌种强。

综上所述，母种质量检查与鉴定是一项系统性的工作，通过对母种质量检查与鉴定，可以加深对菌株特性的了解，发现母种制作中存在的问题，不断总结培育优质菌种的经验。母种质量的好坏，从纯度、长势与菌龄上可以基本判定优劣，但最可靠的方法还是通过栽培出菇的实践进行判断。因此，在大规模生产前，应先通过试验，把优良菌种保留下来继续使用，不好的菌种坚决淘汰掉。

（2）原种的质量检查与鉴定。

①纯度。看有没有污染，如果在菌种瓶的瓶壁、瓶口等不同部位发现有杂菌斑点，污染的原种肯定不能用，要重做。

②长势。看菌丝萌发、“吃”料的快慢及生长速度和粗细，菌丝生长均匀、粗壮的质量好，菌丝生长慢且细的质量差。

③菌龄。菌丝长满瓶后，再培养3～4天就可转接为栽培种，菌丝不要放置时间太长，否则会使菌龄变老。但是，如果菌丝生长很慢，超过了正常生长时间仍不能满瓶，可能存在几个问题，一是培养基不适合菌丝的生长，如培养材料装得太紧、太实，透气性差，菌丝由于缺氧无力生长或者是没有伸展的空间，致使菌丝无法继续向下生长；二是培养基水分太大，水占据了空间使透气性变差，同样造成菌丝不能继续顺利生长；三是菌种可能出现退化，生长能力出现衰退。以上3种不同情况要视菌丝的具体长势来分别对待，第一种，如培养材料上松下紧，上边的菌丝长得还可以，则上边的菌丝还可以用；第二种，把原种瓶倒置过来，让瓶口朝下不要开盖，空出多余水分，菌丝可以继续生长，菌种还可使用；第三种情况应坚决淘汰，不能使用。

（3）栽培种的质量检查与鉴定。在栽培种的培养过程中，要定时检查菌丝的生长情况。第一，要看菌丝是否萌发，在23～25℃条件下，一般在第三天菌丝就会萌发，第四天就可看见萌发出的白色菌丝，如果看不到菌丝萌发，可能是漏接了菌种，要及

时补接菌种。第二，要看菌丝是否“吃”料，菌丝萌发后应首先在袋口向四周扩展，接着向袋内生长，如果菌丝不“吃”料，也没有污染，仅在菌块上形成絮状的菌丝团时，说明培养基 pH 太高或含水量太大；如果菌丝萌发后又出现退菌现象，即菌丝不仅不向四周扩展，就连菌块上的菌丝也越来越少，而菌块周围又没有污染时，说明培养基 pH 太低或者是透气性差造成的。第三，要看袋内是否有杂菌污染，如果在菌种袋壁上、袋口或菌种旁出现绿色、黑色、黄色或其他不正常色泽的斑点，说明培养料已受到污染，应及时拣出，在室外将斑点挖掉并埋入土中，剩下的部分倒出晒干备用。

栽培种的质量指标除了从菌种纯度、菌丝长势鉴定外，还须结合是否有虫害及菌种袋的破损情况进行综合评价。

①纯度。主要看是否污染及污染的程度。若菌种袋全部或大部分污染时，肯定不能用，要及时搬到室外深埋处理；若菌种袋一头污染，而另一头菌丝很好时，则可把污染的切掉，留下好的还能用。

②长势。主要看菌丝的生长速度和粗细，凡是菌丝生长均匀、粗壮的为好的菌种，菌丝生长慢且稀疏的为差的菌种。

③菌种袋破损。菌种袋破损后易发生污染，但在袋内菌丝快要长满或已经长满后，菌种袋人为造成了破损，应及时用胶带贴住，基本不会影响菌种的质量。但是，如果菌种袋破损了较长时间，如老鼠咬破了菌种袋，袋内既没有污染，菌丝生长也很健壮，但由于栽培料和菌丝一直暴露在空气中，菌种质量就有问题，因为空气中的杂菌孢子有可能进入袋内黏附在培养料上，虽然暂时看不到污染迹象，播种后，杂菌的孢子就有可能会萌发造成污染。

④虫害。有些害虫可以咬破菌种袋，或者是菌种袋破裂时进入袋内，在培养料上产卵繁殖，其特点是繁殖快、繁殖量大，在短时间内大量发生，以后转向好的菌种袋。因此，发现虫害时应

立即采取措施，把受到虫害的菌种袋搬出培养室，同时对附近的虫源进行灭杀，培养室内虫害不重时可采用灯光诱杀。

27. 双孢蘑菇母种、原种、栽培种怎样保藏和使用？

(1) 母种保藏技术。母种保藏是生产上保藏菌种的一种主要方法。通过母种保藏可以把从各地引进的菌株或者是把经过生产实践检验，被证明是适合当地气候与栽培条件的优良菌株进行长期保藏，防止绝种，为以后的生产所用。母种保藏有以下几种方法。

①斜面低温保藏法。斜面低温保藏又称继代培养法，该法采用试管斜面培养基将母种菌株保藏在4～6℃冷藏箱内，不需其他特殊设备，保藏时间在4～6个月。保藏方法为，把需要保藏的菌株放在适温下培养，当菌丝快要长满斜面时，选择菌丝生长健壮、菌落厚的试管母种6支以上，用防潮牛皮纸和塑料膜双层包扎，然后放入牛皮纸信封内，写上菌名和日期，放入冷藏箱保藏。

在保藏过程中，应每个月定期检查一次，看棉塞是否受潮，若受潮后极易导致杂菌污染，应及时更换棉塞，方法是在无菌条件下，把无菌的棉塞在酒精上烧一下，然后拔掉旧棉塞，迅速把新棉塞放入管内，然后重新包扎贮藏。如发现棉塞上有黑色、绿色或其他颜色的非常细小的点时，说明棉塞已被杂菌污染，而且杂菌的孢子已掉在了培养基上，应马上取出淘汰，重新补充新的菌种。

为了预防出现污染或菌丝萌发差等问题，有可能使菌株报废而绝种，转管时要加倍转接试管数量，至少接10支，同时应在原试管内保留一部分菌种继续贮藏，看一看转接的试管有没有问

题，如果有问题，应把保留的菌种取出进行转接。同时，在原试管内应继续保留一部分菌种，防止出现新的问题。

②麦粒菌种保藏法。采用麦粒培养菌丝体并在低温下保藏，材料来源广泛，制作保藏方法简单，适于在广大菇农中使用，其制作方法如下。

选择干净、籽粒饱满的麦粒，淘洗后在水中浸泡5～6小时，然后在开水中焖煮15～20分钟，注意火不要太大，以焖为主，不要把麦粒煮开花。焖煮好后，捞出麦粒，空去多余的水分，稍加晾干即可装入试管，由于麦粒不用摆斜面，所以装入量可占到试管长度的1/3～1/2，装好后塞上棉塞，再用牛皮纸和塑料膜双层包扎，放入高压锅灭菌，保持0.1～0.15兆帕压力1.5个小时。灭菌冷却后，在无菌条件下，接入需要保藏的菌种，标上菌名和日期，适温下培养。当麦粒上长满了菌丝时，停止培养，把试管包扎好，装入牛皮纸信封保藏。保藏期间要定期检查，检查方法和注意事项与斜面低温保藏法一样，可参照去做，麦粒菌种在5℃左右可保藏4～6个月。

③粪草菌种保藏法。双孢蘑菇为草腐菌，菌丝生长过程中能够很好地利用纤维素、半纤维素，因此在粪草培养基上生长良好，也可以用其来保藏菌种，其制作与培养方法如下。

选择适宜双孢蘑菇生长的粪草培养基配方（参照“21.怎样制作培养双孢蘑菇栽培种?”）培养料配好后装入试管，试管内的培养料装的不要太松，但培养料也不要太紧，装入量占试管长度的1/3～1/2为宜，装好后擦净试管内外，特别是试管口，塞上棉塞，再用牛皮纸和塑料膜双层包扎，放入高压锅灭菌，灭菌冷却后，在无菌条件下，接入需要保藏的菌种，注明菌种名和日期，适温下培养。当菌丝体快生长到试管的底部时，如果要在自然温度下保藏，即可停止培养，重新把试管包扎好，试管外再用双层报纸包住，放在阴凉、干燥、温度变化小的地方保藏；如果是在冰箱低温下保藏，要等到菌丝体长满了粪草培养基时，才可停止培养，重新把试管包扎好，装入牛皮纸信封保藏。

粪草菌种与麦粒菌种一样，在自然温度保藏时检查比较方便，可以随时查看，如果是在冰箱保藏，则需要定期检查，具体检查方法和注意事项也与斜面低温保藏法基本一样，可参照去做。粪草菌种在自然温度下可保藏3～4个月，在冰箱低温下可保藏8个月左右。粪草菌种在保藏后继代培养时，由于粪草菌种萌发速度慢，因此应先转接到斜面母种培养基上，使菌丝的生长能力逐步得到恢复后，才可以继续转接到其他培养基上，或者是转接到原种培养基上进行原种的培养。

（2）原种的保藏和使用。 原种暂不使用时可以保藏，但不宜保藏太长时间。保藏前要把菌种瓶的纸盖取掉，换上无菌的塑料膜盖，塑料膜盖要特别扎紧，通过减少菌种瓶内外的气体交换，防止培养基水分过快蒸发，降低菌丝有氧呼吸，避免菌丝过快衰老。需要保藏的原种应放在4～6℃的冷藏箱内，可保藏1个月左右，如没有低温条件，可放在黑暗和温度较低的地下室等保藏10天左右。

在使用原种转接栽培种时，要先用干净的抹布把瓶体及瓶盖上沾有的泥土或杂质擦干净，在无菌条件下打开瓶盖后，再用接种铲将上部表层较干的菌丝刮掉，取用下边的菌种进行转接。此外，在接种打开瓶盖时，有时会发现菌种表层有污染点，这时应立即把瓶盖再盖上，放弃不用。不要去拨动污染点，否则会使杂菌孢子散布在空气中，污染接种环境。但是，如果菌种紧缺非用不可，好的办法是先用石灰泥将霉点全部盖住，然后扩大范围、深挖下去把石灰泥和霉点掏出，再把0.5～1厘米的表层菌种刮掉，下边的菌种可用于接种。

（3）栽培种贮藏与使用。 栽培种菌丝长满袋后暂不使用时，可进行短期保藏。保藏前先把菌种袋的口圈取掉，再把塑料膜扎紧，这样可减少菌种袋内外气体交换，防止培养料水分蒸发，降低菌丝有氧呼吸，减缓菌丝的衰老。将需要保藏的栽培种放在黑

暗和温度较低的地下室、地窖等，可保藏 10 天左右。

使用栽培种播种时，要先用干净的抹布或者是 50%多菌灵可湿性粉剂 100 倍液，把菌种袋上沾有的泥土或杂质擦洗干净，打开袋口后，再用接种铲将上部表层较干的菌丝刮掉，取用下边的菌种进行转接。如果打开纸盖后，发现菌种表层有污染时，先用石灰泥将霉点全部盖住，然后用刀把它切除，切除时可多切一点，留下好的使用。

28. 栽培双孢蘑菇需要准备什么原材料？

按照农业部《无公害食品　食用菌栽培基质安全技术要求》（NY 5099—2002），栽培材料应包括主料、辅料、水、覆土等，所有材料必须符合质量安全技术要求，不能使用有害物质、残留超标和发霉变质的材料。

（1）主料的选择。所谓主料是指用来栽培双孢蘑菇的主要材料，一般占到其培养基配方的 60%以上。双孢蘑菇属于草腐菌类，可以利用的材料很多，如玉米芯、棉籽壳、稻草、麦秸、玉米秆等，这些材料中所含成分以纤维素、半纤维素等碳源营养较多，而氮源营养较少，所以必须配合加入一些富含氮源的辅料，才能满足双孢蘑菇菌丝生长和子实体发育的需要。这些材料可以单独与辅料配合后使用，也可以根据当地的资源状况，把多种材料按一定比例配合使用。

（2）辅料的选择。辅料主要有以下 2 类，一是有机碳、氮源辅料，如牛粪、马粪、猪粪、鸡粪、羊粪等，主要是辅助补充培养基中主料所缺少的可溶性碳水化合物和有机态氮，可以有效地改善培养基的碳氮比（C/N）结构。二是无机类物质，如磷肥、石灰、石膏等，主要是辅助补充培养基中某些必须元素的不足，同时起到调整和稳定培养基酸碱度的作用。

磷肥在培养料中的添加量一般为1%，其主要成分为过磷酸钙，在水溶液中呈酸性，可供给双孢蘑菇菌丝生长需要的磷元素和钙元素，同时可降低培养基的碱性。

石灰的主要成分为氧化钙，它在水溶液中生成氢氧化钙呈强碱性，可有效地改变培养基的酸碱度，防止培养基的酸败。在培养基中的添加量一般为1%～2%，但在夏季高温栽培季节，添加量会增加到3%～4%或更多，这是由于在高温下的发酵作用，使培养料中会产生过多的有机酸，因而必须加大石灰的用量来中和有机酸。此外，采用石灰水浸泡秸秆类材料，还可起到软化秸秆和杀灭部分病菌的作用。

石膏的主要成分为硫酸钙，在培养基中的添加量一般为1%，具有供给双孢蘑菇菌丝生长需要的硫元素和钙元素，以及调整和稳定培养基酸碱度的作用。购买时需注意，石膏应为粉状，它具有一旦遇水就会马上结成硬块的特性，结块后的石膏不能使用，因此石膏购买后要妥善保管，防止雨淋或浸水。在使用时，要把石膏先与干料拌匀后再加水，不可在培养料加水拌好后才加入石膏，否则石膏易结块，不易在培养料中拌匀。

此外，在培养基中为了增加氮含量，需要添加0.3%～0.5%尿素，尿素是一种高浓度氮肥，含氮（N）量46%左右，加入培养料后在发酵微生物脲酶的作用下，水解成碳酸铵或碳酸氢铵后才能被菌丝吸收利用。因此，尿素要在栽培料发酵前加入。

(3) 生产用水、覆土材料选择。生产用水、覆土材料选择可参照“2. 双孢蘑菇生产对环境条件有哪些要求?”的要求去做。

29. 双孢蘑菇常用栽培材料配方有哪些，如何配制？

按照食用菌无公害栽培基质的选择要求，目前我国在双孢蘑

菇生产中使用的配方多种多样，我们选取的几种配方均在生产实践中经过了检验，证明是较好的实用配方，菇农可根据当地实际情况参考选用。

（1）稻草、牛粪培养基。该培养基的主要成分为稻草60%、牛粪37%、过磷酸钙1%、石膏粉1%、石灰1%，另加尿素0.3%。

堆置发酵方法（一次发酵）：先把稻草用石灰水浸泡一天，牛粪加水预堆一天，再一层稻草一层牛粪堆料，堆宽2米、高2米，长不限。从第二层开始，每铺一层稻草浇一次水，堆好后上面用塑料薄膜覆盖，以后进行5次翻堆，间隔天数依次为7、6、5、4、3天。第一次翻堆时，均匀加入全部尿素，适当喷水，以手握料时指缝间有水滴滴下为宜。第二次翻堆时均匀加入全部石膏粉和过磷酸钙，料堆干的地方和四周浇少量水。第三、第四次翻堆一般不加水，如果料堆中出现环状青褐色料，说明通气不良，可以用木棍在料堆上戳洞，改善通气条件。最后一次翻堆，要求手握料时指缝间有1～2滴水下滴，料松软，呈棕褐色。一次发酵结束即可运进菇房上床架进行二次发酵。

（2）麦秸、牛粪、鸡粪培养基。该培养基的主要成分为麦秸50%、牛粪35%、鸡粪12%、石膏1%、过磷酸钙1%、石灰1%。

堆置发酵方法（一次发酵）：先将麦秸用石灰水浸泡预湿一天，以吸足水又不流出为宜，将牛粪、鸡粪敲碎加水浸湿，然后铺一层麦秸，撒一层牛粪、鸡粪，堆底宽2米左右，长度不限，最底层麦秸厚25厘米，上面每层料厚20～25厘米，粪肥按比例撒匀，堆高2米左右，层层踏实，以利升温。3～4天后，翻堆，充分抖松拌匀，以后每间隔3～4天翻堆一次，发酵时间18～20天。一次堆制发酵结束，培养料呈棕褐色，松软有弹性，不黏不臭，即可运进菇房上床架进行二次发酵。

(3) 玉米芯、牛粪培养基。该培养基的主要成分为玉米芯70%、牛粪25%、石膏1%、磷肥1%、石灰2%～3%，另加尿素0.3%。

堆置发酵方法（一次发酵）：将玉米芯粉碎成约5厘米长的小段，用2%～3%石灰水浸泡预湿1天，将牛粪敲碎加水浸湿，然后将玉米芯与牛粪拌匀堆置，按堆宽2米、高2米、长度不限建堆，盖塑料膜保温保湿，塑料膜不要盖严，以免形成厌氧发酵。翻堆方法同稻草、牛粪培养基的翻堆方法。23～25天后即可进菇房上床架进行二次发酵。

(4) 玉米秆、棉籽壳、鸡粪培养基。该培养基的主要成分为玉米秆60%、棉籽壳20%、鸡粪15%、石膏1%、磷肥2%、石灰2%～3%，另加尿素0.3%。

堆置发酵方法（一次发酵）：将玉米秆切成5厘米长的小段，用2%石灰水浸泡预湿，先建堆发酵2天，使玉米秆软化。将棉籽壳与鸡粪混合拌匀预湿，然后按堆宽2米、高2米、长度不限建堆。先铺20厘米厚玉米秆，再撒5～7厘米厚棉籽壳与鸡粪混合料，浇一次水，然后再铺一层玉米秆，撒一层棉籽壳与鸡粪混合料，浇一次水，水要浇足。建好堆后，盖塑料膜保温保湿，翻堆方法同麦秸、牛粪、鸡粪培养基的翻堆方法。20天后当玉米秆变成咖啡色、原料疏松柔软、拌有香味时即可运进菇房上床架进行二次发酵。

(5) 麦秸、棉籽壳、鸡粪培养基。该培养基的主要成分为麦秸60%、棉籽壳20%、鸡粪16%、石膏1%、石灰2%、磷肥1%，另加尿素0.3%。

堆置发酵方法（一次发酵）：先将麦秸浸泡预湿一天，棉籽壳与鸡粪混合预湿。铺料时底层先铺2米宽、25厘米厚、长度不限的麦秸，再铺5～7厘米厚的棉籽壳与鸡粪混合料。如此反复，最后堆成高约2米的发酵堆。边建堆边浇水，下层不浇水，中层少加水，上层多浇水，直到有水溢出。尿素应在建堆时用

完，使用过迟易使堆肥氨臭味过浓，影响菌丝生长；石膏应在第二次翻堆时加入；石灰应在每次翻堆时加入，调节 pH。建堆后用草席覆盖，下雨前用塑料薄膜覆盖，防止雨淋。翻堆间隔时间为建堆后第四天、第八天、第十二天、第十五天、第十八天，一般共翻 5～6 次。翻料时上下翻动，内外翻动，抖松，将上面的料翻到下面，下面翻到上面，里面翻到外面，外面翻到里面。水分调节要“一湿二润三看”，即建堆和第一次翻堆时水分要足，第二次要适度加水，第三次开始要依据情况而定。20 天后当发酵料疏松柔软，拌有香味时即可运进菇房上床架进行二次发酵。

(6) 玉米秆、玉米芯、牛粪、羊粪培养基。该培养基的主要成分为玉米秆 30%、玉米芯 30%、牛粪 20%、羊粪 15%、过磷酸钙 1%、石膏 2%、石灰 1%，另加复合肥（含氮 12%）1%。

堆置发酵方法（一次发酵）：建堆前先将羊粪粉碎成粉末状，然后加水预湿。将新鲜无霉变的玉米芯粉碎成 2～5 厘米大小的颗粒，玉米秆铡成 5～8 厘米的小段，玉米芯与玉米秸混合浸泡预湿。建堆料，堆底宽 2 米，高 2 米，上宽 1.2～1.5 米，长度依场地而定。堆料时第一层铺玉米秆与玉米芯混合料 30 厘米，上面撒羊粪一层，厚度 5 厘米，粪上洒水浇透，就这样重复铺料，直至堆高达到 2 米，堆建好后用草帘等物覆盖料堆保持湿度。建堆后翻堆方法同麦秸、牛粪、鸡粪培养基的翻堆方法，翻堆时把复合肥全部拌入料中。经过 4～5 次 23 天左右的翻堆发酵，原料均匀地变成咖啡色或深褐色，内有少量雪片状放线菌，无霉味、无氨味、无粪臭味，原料不粘手、不扎手，即可运进菇房上床架进行二次发酵。

上述配方中石灰一般是配制成石灰水后去除废渣，分几次加入，用来不断地补充水分和调整 pH。由于石灰质量的高低，如废渣较多或者是保存不当、放置太久等，以及培养基发酵时酸碱性的差异，因此在实际操作中，石灰的用量也不同。

30. 双孢蘑菇栽培料配方中碳氮比是什么，如何计算和确定？

碳氮比是指碳元素与氮元素的总量之比，用“C/N”表示。双孢蘑菇栽培料配制时营养成分含量的高低，一般也用碳氮比来表示，碳氮比越小表示栽培料的养分含量越高，碳氮比越大表明栽培料养分含量越低。但是，在双孢蘑菇生长发育过程中，并不是养分含量越高越好，双孢蘑菇对栽培料中碳元素与氮元素的转化利用有一定比例，即碳氮比要适宜，双孢蘑菇栽培料适宜的碳氮比在（30～32）：1。培养基碳氮比是否适宜，直接影响着双孢蘑菇菌丝的生长和子实体产量的高低。

由于在双孢蘑菇栽培料中主料的碳氮比（表4）都要比适宜的碳氮比低，因此在蘑菇栽培料配制时必须通过加入适量含氮量高的材料，把栽培料配方中碳氮比调节至适宜的比例，调整计算配方中不同材料的加入量方法如下。

表4 双孢蘑菇栽培料中常用主料与辅料的碳氮比

栽培材料	含碳（C）量（%）	含氮（N）量（%）	碳氮比（C/N）
稻草	45.39	0.63	72：1
稻壳	41.64	0.64	65：1
麦秸	47.03	0.48	98：1
棉籽壳	56.0	2.03	28：1
玉米秆	50.3	0.67	75：1
玉米芯	48.4	0.93	52：1
鸡粪	33.2	2.9	11：1
猪粪	27.2	2.06	13：1
羊粪	16.24	0.65	25：1
牛粪	31.79	1.33	24：1
马粪	18.6	0.55	34：1

例1：选用稻草、牛粪配方时的碳氮比调整。

设稻草为100千克，求碳氮比调整在30∶1时，需要加入多少千克的牛粪？

从表4查知，稻草的含碳率为45.39％，含氮率为0.63％，实际碳氮比为72∶1。牛粪的含碳率为31.79％，含氮率为1.33％，实际碳氮比为24∶1。

栽培料碳氮比调整为30∶1时，设所需含氮率为X，则

$$X=45.39\%\div30=1.513\%$$

实际应补充的氮素量为

$$100\text{千克}\times(1.513\%-0.63\%)=0.883\text{千克}$$

需要添加的牛粪量为

$$0.883\text{千克}\div1.33\%=66.4\text{千克}$$

即在100千克稻草干料中应加的牛粪量为66.4千克。

例2：选用麦秸、牛粪、鸡粪配方时的碳氮比调整。

设麦秸干料为100千克，碳氮比调整在30∶1时，需要分别加入多少千克的牛粪、鸡粪？

从表4可查知，麦秸的含碳率为47.03％，含氮率为0.48％，碳氮比约为98∶1；牛粪的含碳率为31.79％，含氮率为1.33％，碳氮比为24∶1；鸡粪的含碳率为33.2％，含氮率为2.9％，碳氮比约为11∶1。

栽培料碳氮比调整为30∶1时，设所需含氮率为X，则

$$X=47.03\%\div30=1.56\%$$

即栽培料中的含氮率应达到1.56％，而麦秸的实际含氮率为0.48％，因此应补充的氮素量为

$$100\text{千克}\times(1.56\%-0.48\%)=1.08\text{千克}$$

如果配方中按全部加入牛粪，则需要添加的牛粪量为

$$1.08\text{千克}\div1.33\%=81.2\text{千克}$$

如果配方中按全部加入鸡粪，则需要添加的鸡粪量为

$$1.08\text{千克}\div2.9\%=37.2\text{千克}$$

但在该配方中牛粪、鸡粪都要加入，可以根据原材料准备的实际情况，牛粪多时多加牛粪，鸡粪多时多加鸡粪。也可以把需要加入的牛粪和鸡粪平均分配，即在100千克麦秸料中加牛粪40.6千克，加鸡粪18.6千克。

例3：选用玉米芯、牛粪配方时的碳氮比调整。

设玉米芯为100千克，求碳氮比调整在30∶1时，需要加入多少千克的牛粪？

从表4查知，玉米芯的含碳率为48.4%，含氮率为0.93%，实际碳氮比为52∶1。

玉米芯碳氮比调整为30∶1时，设所需含氮率为X，则

$$X=48.4\%\div30=1.61\%$$

应补充氮素量为

$$100\text{千克}\times(1.61\%-0.93\%)=0.68\text{千克}$$

再从表4查知，牛粪的含氮率为1.33%，需要添加的牛粪量为

$$0.68\text{千克}\div1.33\%=51\text{千克}$$

即在100千克玉米芯中应加入的牛粪量为51千克。

例4：在实际生产中，往往会遇到栽培料配方中多种材料混合的问题，例如选用玉米秆、玉米芯、牛粪、羊粪配方时的碳氮比调整如下。

设玉米秆和玉米芯各为100千克，求碳氮比调整在30∶1时，需要各加入多少公斤的牛粪与羊粪？关于此类问题，看起来复杂，实际解决并不难，可以先分别算出玉米秆和玉米芯需加入牛粪与羊粪的量，然后再相加即可。

第一步，先求出玉米秆需加入牛粪与羊粪的量。

从表4查知，玉米秆的含碳率为50.3%，含氮率为0.67%，实际碳氮比为75∶1。碳氮比调整为30∶1时，设所需含氮率为X，则

$$X=50.3\%\div30=1.67\%$$

应补氮素量为

$$100\text{千克}\times(1.67\%-0.67\%)=1\text{千克}$$

再从表4查知，牛粪的含氮率为1.33%，羊粪的含氮率为0.65%，如果把应补充的氮素量（1千克）平均分配，即0.5千克的氮素来自牛粪，0.5千克的氮素来自羊粪，则分别为

0.5千克÷1.33%=37.5千克

0.5千克÷0.65%=76.9千克

即在100千克玉米秆中应加入牛粪37.5千克，羊粪76.9千克。

第二步，再求出玉米芯需加入牛粪与羊粪的量。

从表4查知，玉米芯的含碳率为48.4%，含氮率为0.93%，实际碳氮比为52∶1。碳氮比调整为30∶1时，设所需含氮率为X，则

$$X=48.4\%\div30=1.61\%$$

应补氮素量为

100千克×（1.61%−0.93%）=0.68千克

同样，如果把应补充的氮素量（0.68千克）平均分配，即0.34千克的氮素来自牛粪，0.34千克的氮素来自羊粪，则分别为

0.34千克÷1.33%=25.5千克

0.34千克÷0.65%=52.3千克

即在100千克玉米芯中应加入牛粪25.5千克，羊粪52.3千克。

最后相加

37.5千克+25.5千克=63千克（牛粪）

76.9千克+52.3千克=129.2千克（羊粪）

即100千克玉米秆与100千克玉米芯的混合料中应分别加入牛粪63千克，羊粪129.2千克。

在实际生产中，按照配方不同材料的配比，往往存在牛粪或其他粪便不足的问题，可以通过另加尿素（含氮46%）或复合肥（含氮12%）来补充氮元素。一般尿素加入量占配方总量的0.3%～0.5%，复合肥加入量占配方总量的1%。

31. 双孢蘑菇生产前怎样确定需要准备的不同原材料用量？

首先，根据菇房内菇床的实际面积，估算出需要投入栽培料的总量。一般每平方米菇床需要铺料 40 千克（以干料计），以菇床面积 300 $米^2$ 测算，则需要栽培料 1.2 万千克。然后，根据当地原材料选择适宜的栽培配方，配方确定后就可以测算不同原材料需要准备的具体用量了。以玉米芯、牛粪配方为例，配方中“玉米芯 70%、牛粪 25%、石膏 1%、磷肥 1%、石灰 2%～3%，另加尿素 0.3%”，那么按照配方各种材料的用量分别为玉米芯 8 400千克、牛粪 3 000 千克、石膏 120 千克、磷肥 120 千克、石灰 240～360 千克、尿素 36 千克。

在实际生产中，上述计算的不同原材料数量并不需要十分精确，总量上多几百千克或少几百千克，或者主料玉米芯少百十千克或多几百千克也行。但辅料石膏、磷肥、石灰等不能太多或太少，尤其是尿素一定要按照栽培料的总量按比例添加，太少可能会影响产量，太多将抑制菌丝的生长，并使鬼伞等杂菌大量繁殖，导致生产失败。

32. 双孢蘑菇栽培料为什么必须经过发酵后才能使用？

因为双孢蘑菇是一种营腐生生活的腐生菌，不能进行光合作用，只能通过菌丝体的呼吸作用，依靠菌丝细胞分泌的胞外酶吸收和转化培养料中提供的营养物质，其生长发育所需要的营养物质主要是碳源、氮源、矿物质、微量元素和生长素等小分子化合物，而栽培料中的纤维素和木质素等大分子化合物则不能被直接

利用。

栽培料经过发酵后具有多方面好处。一是通过发酵大量有益微生物将栽培料料中的纤维素和木质素分解成可供双孢蘑菇菌丝体利用的营养物质，同时高温性放线菌等有益微生物形成大量菌体蛋白及各种维生素和氨基酸，供双孢蘑菇菌丝吸收利用，从而满足了双孢蘑菇菌丝体和子实体生长发育的需要。二是通过发酵彻底改善了栽培料的含水率、通气性、酸碱度等物理性状，更有利于菌丝体和子实体的生长。三是栽培料通过发酵消除了栽培料内的游离氨，避免了氨对菌丝的抑制作用，有利于菌丝萌发和生长。四是通过发酵在高温条件下杀灭了生存在栽培料内的有害病菌、虫卵和幼虫，大幅度降低病虫危害，为菌丝体和子实体生长发育提供了良好的生存环境。

33. 一次发酵和二次发酵有什么区别？

栽培料的发酵分为一次发酵（前发酵）和二次发酵（后发酵）2个阶段，即二次发酵法。

一次发酵和二次发酵的主要区别：

一次发酵一般在场地堆制完成，发酵时间较长，一般在20天左右，其主要作用，一是把栽培料充分地进行混合并使之软化；二是将栽培料的含水量和酸碱度调整在适宜的程度；三是杀死栽培料内的有害病菌、虫卵和幼虫；四是把栽培料料中的纤维素和木质素等进行分解。

二次发酵是通过一次发酵以后再运入菇房床架上进行加温发酵，即在菇房内完成二次发酵，发酵时间较短，一般在5天左右，其主要作用，一是进一步让高温性放线菌等有益微生物生长并形成大量菌体蛋白质及各种维生素和氨基酸，供双孢蘑菇菌丝吸收利用；二是进一步在发酵高温条件下消除栽培料内的游离氨，避免播种后氨对菌丝的抑制作用，有利于菌丝萌发和生长；三是进一步在发酵高温条件下杀灭残存在栽培料内的有害病菌、虫卵和幼虫，降低病虫危害；四是在高温条件下，也有利于对菇房内的有害病菌、虫卵和幼虫等进行灭杀，降低病虫危害，净化了菇房环境。

34. 一次发酵如何进行，需要注意哪些问题？

一次发酵在菇房外堆料场地进行，发酵过程中需进行4次翻堆。第一次翻堆在建堆后第七天，翻堆时加入磷肥，翻堆结束后，在料堆四周撒上石灰粉。第二次翻堆在第一次翻堆后6天，翻堆时加入石膏粉，并适当补充水分，如遇雨天应及时盖好塑料薄膜，雨停后马上掀开。第三次翻堆在第二次翻堆后5天。第四次翻堆在第三次翻堆后4天，第四次翻堆时调节pH为7.5～8.0。第四次翻堆后2～3天，栽培料变成咖啡色，疏松柔软，有酵香味时结束。

不同栽培料的一次发酵可参阅本书“29. 双孢蘑菇常用栽培材料配方有哪些，如何配制?”，按照配方比例备好料后进行一次发酵。

栽培料发酵看起来简单，但实际上是一个复杂的技术问题，栽培料不能发酵不足，也不能发酵“过头”怎样才能达到最好的发酵效果，需要注意几个方面。一是材料的含水量要适宜，在培养料配制时首先要按料水比1：（1.5～1.6）的比例加入石灰水，然后根据水分的流失情况再适当进行补充，如果含水量太低，一些材料还是干的，有益微生物很难生长繁育，而隐匿于栽培料内的杂菌或其分生孢子很难被杀死；如果含水量太高，培养料会进行嫌气性发酵，厌氧菌大量繁殖，使培养料发黏并且产生一股酸臭味。二是酸碱度要保持在微碱性，即pH在7～8。由

于在发酵过程中各种微生物的生理代谢活动，不断地产生有机酸，使 pH 逐渐下降，因此在配料时和翻堆过程中都要用石灰水或干石灰调整 pH，在二次发酵前更要把 pH 调整好。三是翻堆要均匀，翻堆时一定要注意把料堆边有结块的培养料打碎，先放在一边，翻堆过程中再把它埋到料堆的中间层里。因为，结块的培养料在存放时受潮或雨水淋过，结块内的杂菌很多，掰开结块就可看到霉斑，如不打碎水分在短时间内进不去，很难让杂菌萌发后再被杀死，当把结块的培养料运入菇房后杂菌萌发生长造成污染。

35. 二次发酵如何进行，需要注意哪些问题？

二次发酵一般在菇房内床架上进行，在一次发酵结束的前 2 天，应先把菇房、菇床进行一次彻底的消毒，交替或综合使用下面几种药剂进行消毒效果较好。

三乙膦酸铝：用于菇房内墙壁、门窗及床架，50%三乙膦酸铝可湿性粉剂 300～400 倍液，喷雾器均匀喷洒。

金星消毒液：用于菇房墙壁、门窗及床架，稀释 50 倍后喷撒或者加热熏蒸。

过氧乙酸：用于菇房墙壁、门窗及床架，用 0.2%过氧乙酸溶液喷洒消毒。

漂白粉：主要用于菇床的清洗，用 0.1%漂白粉溶液浸洗。

注意用药后密闭菇房 1～2 天，消毒效果更好。

菇房消毒后，当一次发酵料温还在时，趁热将栽培料运进菇房，在菇床架上分层堆放，堆高 50～55 厘米，覆盖塑料薄膜，关闭门窗和通风口，然后在菇房外通过锅炉加热，或土制的废弃汽油桶改装成蒸汽炉，放在一个砖砌的煤炉式柴灶上，装水七八分满，加热产生蒸汽，通过用塑料筒做成的送气管送往菇房，菇房内塑料管道每20～30厘米处有一出气孔，塑料管要延伸到菇房的通道。通入热蒸气使菇房温度升高到50℃以上，当料温上升到60℃以上，气温稳定在55℃左右，保持8～10小时，让嗜热微生物生长，将病菌、杂菌、害虫杀死。然后使料温降至50℃左右，维持4～5天，使有益的中温型嗜热微生物，主要是放线菌大量繁殖生长。随后，撤膜降温，当降到40℃左右，将料摊放于菇床、整平，打开门窗通风降温，排出废气。发酵好的栽培料质地柔软有弹性，料形完整，一拉即断，棕褐色至暗褐色，栽培料表面有一层白色放线菌，栽培料内可见灰白色嗜热性微生物菌落，无病虫杂菌、无酸臭味、无氨味，含水量65%左右，手握栽培料有2～3滴水，pH为7。

在二次发酵期间不要随意开门入室，防止发生被蒸汽烫伤等意外伤害事故。

二次发酵也可以不在菇房内进行，而是在一次发酵结束后在原地进行，操作方便，具体方法如下：

根据栽培料堆的大小，先在地面平行放置6根木棍，木棍下边用2层砖垫起，木棍间距约0.35米，总宽约2米，木棍上边用透气性的尼龙网或麻袋覆盖，然后把一次发酵后的栽培料翻在上面，建堆呈梯形状，堆高1.5米左右，在料堆中间横放一根直径10厘米的PVC通气管（聚氯乙烯管），然后用透明塑料膜覆盖并用砖压住底边周围即可。

建堆发酵2～3天后，上层料由于日光照射，温度在50℃左右，把鼓风机与放在料堆里的PVC管连接，然后开机吹入新鲜空气，促进料堆内气体散发，料堆内温度达到55℃以上，维持2～3天后停止，二次发酵结束，栽培料呈红棕色，布满大量灰白色放线菌。在冬季，由于气温低，可把通气管与蒸汽炉相连，通入热蒸汽，可使料温达到65℃，发酵效果会更好。

36. 采用隧道式发酵有哪些优点?

"隧道式发酵"不能顾名思义，所谓"隧道式发酵"并不是说在隧道内的发酵，准确地讲，隧道式发酵是根据一次发酵和二次发酵的原理，在一次发酵槽和二次发酵仓内完成的控温发酵过程。其优点是：隧道式发酵技术全程采用机械化操作，在一次发酵槽和二次发酵仓内可严格控制温度、湿度和二氧化碳含量，不使用消毒剂，解决了传统培养料发酵不均匀、成熟度差等问题，发酵质量达到最佳状态，有利于提高产量和品质。

近年来，我国在引进荷兰等国的隧道式发酵机械设备和先进技术的基础上，通过借鉴和消化吸收，进一步改进了我国的隧道式发酵设备制造应用和配套技术，使该项技术在大型企业或一些中小型企业中得到了推广应用，极大地推动了我国双孢蘑菇产业的快速发展。其先进性主要体现在：实现了专业化、集约化生产，建成了一些大、中型的双孢蘑菇专业化堆肥制备场，二次发酵培养料的生产能力大幅度提高，把传统的双孢蘑菇生产由一区制改进为二区制或三区制，不仅可满足大型双孢蘑菇工厂化生产的需要，还可为农户提供发酵好的优质栽培料。由于隧道式发酵机械设备、基础设施投资较大，技术要求高，农户因生产规模较小，无经济能力建设，农户不需要再自己堆制发酵栽培料了，只需要购进二次发酵后的腐熟堆肥进行出菇管理就行。因此，这种通过专业化公司的高效率栽培料堆肥制备与广大农户种菇的低成本生产管理优势结合模式，大大提升了双孢蘑菇产业的技术水平和规模效益。

隧道式发酵工艺流程包括预堆发酵、一次发酵、二次发酵3个阶段，完成整个发酵流程约20天，发酵工艺流程简述如下。

预湿：栽培料场地预湿1～2天。

预堆发酵：场地预堆发酵6天，翻堆2次，充分混匀栽培料，避免厌氧发酵，料温55～70℃。

一次发酵：发酵槽内7天，倒仓一次，使堆肥均质，料温60～78℃。将堆肥均匀地堆放于槽内通风地板上，料厚2～3米。小型隧道在装填堆肥时采用摆头抛料机，大型隧道采用置顶式落料系统。

二次发酵：发酵仓内6天，装填堆料时落料要均匀，堆料中插有温度探头，通过与控制仪及通风系统联动，不断调整新风与循环风的比例，满足堆肥发酵所需要的氧气，主要依靠堆料内产生的发酵热完成栽培料的发酵腐熟。发酵仓隧道一般不需要外加热量，在冬季较寒冷时，在栽培料发酵的初始阶段，则需要吹入热蒸汽，以启动料温促使高温放线菌等有益微生物的活动。

37. 双孢蘑菇播种前应做好哪些准备工作？

二次发酵结束后，如果是在菇房内进行的二次发酵，应首先打开门窗通风，待栽培料温度降至30℃左右时，把栽培料均摊于各层床架上，上下翻透抖松，如栽培料偏干，可适当喷洒些水，并再翻料一次，使之干湿均匀；如栽培料偏湿，可将栽培料抖松并加大通风，降低料的含水量。然后，整平料面，料层厚度掌握在25厘米左右，当料温稳定在25℃时播种。

播种前要选择菌龄适当，菌丝活力强的栽培种，检查一下菌种瓶（袋）是否有杂菌感染，菌丝粗壮，没有脱水的为优质菌种。接种前盛菌种的容器、工具、操作者双手等都必须用75%酒精或金星消毒液消毒。

38. 每平方米适宜播种量多少，菌种怎么处理?

播种量一般为每平方米1菌种瓶（以500毫升计），袋装菌种容量较大时与瓶装菌种折算一下，按比例使用就行。加大播种量可以加快菌丝布满料面，抑制杂菌生长，减少污染，提高产量。因此，有条件时要尽可能多制栽培种，保证播种时菌种有富余，满足播种需要。

接种前要注意，首先用75%酒精棉球把菌种瓶（袋）口擦洗一遍，打开瓶盖后用无菌接种镊子或接种铲把菌种杵成粒状掏出或轻柔地搓成粒状，不要把菌种揉得太碎，但菌块也不能太大。如果是麦粒菌种或高粱菌种，菌块大小就如麦粒或高粱大小就行，如果是棉籽壳菌种、粪草菌种或其他菌种，菌块大小与黄豆粒大小差不多就行。

39. 播种方法有哪几种?

一切播种工作准备好后，可按下列几种不同的播种方法进行。

撒播：麦粒菌种或高粱菌种多采用撒播法。先将菌种量的1/2均匀撒播在培养料面上，然后用中指插入料中稍加搅动，使菌种均匀落入料内2～3厘米处，再把余下的菌种均匀撒在料面上，再用木板拍平。

条播：把培养料每隔5厘米挖深2～3厘米的小沟，将菌种撒入小沟后合拢，部分菌种可露在料外，整平料面即成。

穴播：一般用于草料菌种，穴距5～6厘米，深2～3厘米，梅花式点播，随挖穴随点种，菌块可稍露出培养料，以利透气，并把培养料压平即可。

层播：分2层或3层撒播，第一层培养料摊均匀后，上面撒菌种一层，接着再铺第二层培养料，撒第二层菌种，照此铺第三层培养料，撒第三层菌种。第一、第二层菌种用量分别为菌种总量的30%，剩余40%撒在培养料最上面，菌种上再撒少许培养料，让菌种微露，间隔4～6厘米打一小孔，以利透气。

混播+表播方法：工厂化栽培多采用此法，先把菌种总量的3/4均匀撒到培养料上，用手或工具把菌种和培养料混匀，然后用木板将料面整平，轻轻拍压，使培养料松紧适宜，然后把剩余的1/4菌种撒到料床表面，并用手或耙子扒几下，使菌种稍漏进表层，或在菌种层上再薄薄地盖一层培养料并压实，使菌种处于干湿适宜的状态，以利菌丝萌发后很快“吃”料。

上述几种不同播种方法各有利弊，可根据实际情况选用。播种结束后要把料面整成略带弧形，增大出菇面积，然后关闭门窗，保温保湿，促进菌种萌发。

40. 播种后的发菌管理要注意哪些问题？

播种后前3天以保温、保湿为主，关闭门窗和通风口，或用塑料膜覆盖料面保温、保湿，促进菌丝萌发。如果覆膜，要注意每天掀膜增氧促进菌丝生长，视天气情况稍作通风，以促进菌丝萌发“吃”料，遇到30℃以上的高温天气时，应及时通风降温，夜间将通风口全部打开通风，适当延长通风时间，防止菌丝在闷热天气环境下不萌发。

正常情况下，播种后第二或第三天菌丝开始萌发（图7），菌种萌发出绒毛状菌丝，接着菌丝长入培养料开始“吃”料，播种后4～5天，检查发菌情况，如发现有漏播或菌种未萌发区域，应及时补种。6～7天后随着菌丝生长，逐渐打开门窗，如果覆膜的要去掉塑料膜，加大菇房通风量，促进菌丝尽快在

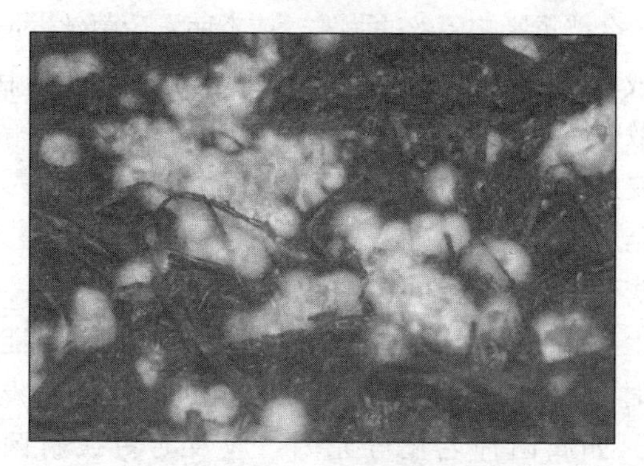

图 7　播种 3 天后菌种萌发情况

培养料中定值。播种后 8～10 天，根据菌丝“吃”料情况，如果菌丝基本布满料面，菇房通风口应经常打开，继续加大通风供氧量，降低空气湿度，让料面稍干，促进菌丝向料内生长，缩短发菌期，减少病虫害的侵染。若料面偏干，可稍喷雾状水保湿，菇房相对湿度控制在 80%左右，保持菌丝的旺盛活力。一般播种后 20 天左右菌丝可生长到料底，从床下看可见到白色的纤毛状菌丝。

41. 播种后菌种不萌发或生长慢，怎么办？

在正常情况下，一般播种后 3 天内菌丝萌发。如果播种后出现菌种不萌发或菌丝生长不良等现象时应及时查找原因，采取补救措施。菌种不萌发或生长势差的原因可能有以下几种。

一是栽培料偏干，湿度小，影响了菌种萌发。可覆盖纸并每天向覆盖的纸喷水 2 次。

二是栽培料偏湿，湿度大，菌丝萌发后生长无力。要及时进行通风，降低菇房内湿度。

三是料温太高，播种时料温没有降到 25℃，如果料温持续几天高于30℃，会严重影响菌丝的萌发，或者萌发后菌丝生长细弱。

四是栽培料内氨味太重，氨气对菌丝有强烈的抑制作用，接种前氨气散发不彻底，接种后氨气散发不出去，导致菌丝不能正常萌发。要及时进行通风换气，必要时抖动料面，尽快排出氨气，降低菇房内氨臭味。

五是螨类幼虫咬食菌丝，如有螨类必须及时消灭。

遇到上述情况，应及时采取相应措施，如果不能解决问题的，必要时需重新在床架上翻料或再次进行栽培料发酵，然后进行补种。如属菌种老化等原因，应及时更换新菌种，进行重播。

42. 播种后菌种萌发了，但不“吃”料，怎么办？

播种后菌种块菌丝萌发正常，但迟迟不往培养料里生长，即不“吃”料，只在料面生长或出现萎缩等，产生这种情况的原因，多数是培养料过干或过湿，酸碱度不适以及料内有氨气所致。此时，需准确查明原因，及时采取相应措施。如因培养料过干，需稍微喷雾状水来缓慢调节；如培养料过湿，应加大菇房通风散发水分，或抖动栽培料让水分尽快散发，同时也把氨气散出。若栽培料偏酸（pH 6以下）或偏碱（pH 8以上），都会使菌丝“吃”料困难，生长稀疏缓慢，酸碱度过低可用pH 7.5的清石灰水进行调节，酸碱度过高可用微酸性的碳酸进行调节。

43. 栽培料内出现根索状菌丝是何原因？

根索状菌丝是双孢蘑菇菌丝生长发育过程中的一种正常

形态，是由营养生长阶段转向生殖生长阶段的标志，一般根索状菌丝仅发生在覆土层中。但在发菌过程中栽培料内出现根索状菌丝，不是好的现象，过早形成根索状菌丝，将影响菌丝在栽培料内的正常生长，最终导致产量降低。栽培料内出现根索状菌丝的原因有几种情况：一是栽培料内混杂有碎土块或土质太多；二是配方不合理，加入了过量的粪肥；三是栽培料发酵过熟、过湿，使栽培料内透气性差，氧气不足。为防止这种情况的发生，采取的主要措施是栽培料堆积发酵时不要在泥土地上，否则栽培料中混杂的泥土会太多；此外，栽培料配方中的粪肥不宜过多，颗粒不宜太细，发酵时间不能过长；发菌过程中可在栽培料内通过打洞增加通气性。

44. 发菌过程中常见杂菌有哪些，怎样防治？

发菌过程中常见杂菌主要有黑曲霉、绿色木霉、鬼伞等杂菌，其特征与防治方法如下。

(1) 黑曲霉（*Aspergillus niger*）。黑曲霉适宜在温度为20～30℃、湿度为70%～90%的中性至偏碱性的环境下生长繁殖，在栽培料上菌落初期为白色，随着分生孢子的产生逐渐变为黑色，分生孢子为黑色球形。黑曲霉广泛存在于土壤、空气、各种有机物及作物秸秆上，同样在栽培料中也有存在，尤其是在选用玉米芯作主料栽培时，黑曲霉危害的可能性更大。

防治方法：一是拌料发酵前将pH调整至10左右，含水量要适宜，充分地翻堆使发酵均匀，通过高温发酵杀灭黑曲霉菌。二是发菌过程中栽培料内发生黑曲霉菌时，主要呈局部片状，不要翻动，挖出移除，防止其孢子散发。防治黑曲霉最好的办法是通过在发生部位喷洒三乙膦酸铝、高浓度石灰水等进行控制，防治扩大蔓延。

(2) 白地霉（*Geotrichum candidum*）。白地霉易在高温下 28～30℃发生，初期呈白色毛绒状，后变为土黄色粉状（图 8）。菌落呈平面扩散，生长快，扁平，乳白色，短绒状或近于粉状，有同心圈和放射线，有的呈中心凸起。白地霉广泛分布在各种作物秸秆、动物粪便和土壤中。

图 8　栽培料底部出现的白地霉

防治方法：调节栽培时期，不在高温季节下料播种；一旦遇到高温天气，晚间加强通风，降低温度。

(3) 绿色木霉（*Trichoderma viride*）。绿色木霉发生特点是其菌丝在与双孢蘑菇菌丝接触后发生缠绕，同时分泌出毒素切断并杀死双孢蘑菇菌丝。绿色木霉侵染发生过程：先在培养料上长出白色致密的菌丝，然后形成边缘不清晰的菌落，无固定的形状，接着产生绿色的分生孢子，使菌落从中心到边缘逐渐变为深绿色的霉状物。绿色木霉在 25～30℃生长较快，适宜在酸性条件下生长。绿色木霉分生孢子的传播是发生再污染的主要原因，分生孢子在高温、高湿的条件下萌发快、萌发率高，当温度在 25～30℃、湿度在 95%左右时很快萌发，湿度低于 60%时则萌发率较低。因此，在生产上 7～8 月的高温季节，如果培养基呈酸性且含水量偏大，在湿度大、通风不良的情况下，最易发生绿色木霉的污染。

防治方法：加强通风、降低湿度的措施非常有效；采取预防措施，每隔5天左右喷施50%三乙膦酸铝可湿性粉剂300～400倍液；喷水时在水中加入石灰使水略呈碱性，防止培养料的酸化，具有防止霉菌污染的作用。

(4) 鬼伞（*Coprinus* spp.）。鬼伞是双孢蘑菇栽培中的最常见杂菌，大量发生时会大量消耗培养料中的养分，并与双孢蘑菇菌丝争夺营养，严重影响双孢蘑菇产量和质量（图9）。鬼伞发生早，生长迅速，开伞快，烂得也快，很快变黑并自溶如墨汁，大量腐烂时，会有很难闻的气味。鬼伞分生孢子主要靠空气及堆肥的传播，培养料中发酵不充分、含氮量高、尿素加入过多、培养料pH低于6时会导致鬼伞的大量发生。

图9　培养料面上出现的鬼伞

防治方法：选用新鲜培养料，使用前用石灰水浸泡。控制培养料的含氮量，特别是控制尿素的加入量，发酵时控制培养料的含水量在65%以内，以保证高温发酵获得高质量的堆料。同时，发酵前调节培养料的pH至10左右，可大幅减少鬼伞的发生。

45. 发菌过程中常见害虫有哪些，怎样防治？

双孢蘑菇发菌过程中易发生的害虫主要是菌蝇等。菌蝇包括蚤蝇和果蝇，其幼虫咬食菌丝体，发生严重时使菌丝不断减少，甚至消失。

大蚤蝇是双孢蘑菇发菌过程中的常见害虫，在菇房内最初发生时主要来自于外界。每年的7～8月是大蚤蝇发生的主要季节，大蚤蝇主要栖息在腐烂的杂物垃圾上。成虫有很强的趋向性和趋光性，首先成虫对双孢蘑菇菌丝的特有味道有很强的趋向性，可从很远的地方飞入菇房。成虫还有较强的趋光性，菇房内发生严重时，在灯泡周围或透光处可看到落满了黑色的成虫。成虫在料面产卵后，发育成幼虫，幼虫逐渐向料内蛀蚀菌丝，受害菌丝萎缩，由白变黑而出现退菌现象。

防治方法：在防治上首先要搞好菇房外的清洁卫生，门窗及通气窗安装细眼的纱窗，防止菌蝇飞入。如果大蚤蝇发生严重时，用灭蚜烟剂防治效果较好，因为蝇虫在墙壁缝隙间也存在很多，农药喷洒时一般不易喷到，而烟剂在空气中可以随气流到处散布，所以熏杀防治的效果比喷洒药剂的好。

46. 发菌结束后，料面上为什么要覆土？

双孢蘑菇具有不覆土不出菇的特性，因此必须覆土，一般每100米^{2}栽培面积需要覆土3.5米^2。覆土是双孢蘑菇栽培中十分重要的环节，覆土土质好坏将影响双孢蘑菇产量的30%左右，覆土土质要求疏松柔软，吸水性强，持水力高，有一定肥力，不带病虫污染源，pH 7左右。

47. 覆土的适宜时期如何确定？

菌丝在栽培料中布满后是覆土的适宜时期，覆土不宜太早，在生产中往往由于赶季节，企图早出菇，不待菌丝长到料底就覆土。表面上看，好像争取了时间，其实适得其反。在这种情况下，料面的菌丝向上往土层生长，料内的菌丝则继续向下生长，菌丝向2个方向生长，使菌丝爬土慢，反而延迟了出菇时间。

48. 覆土前应做好哪些准备工作？

覆土之前，必须彻底检查是否有潜伏的杂菌和害虫，尤其是绿霉菌和螨类，一旦发现，必须采取措施，在覆土之前消灭，否则土层变成了一层保护层，难以彻底消灭，将后患无穷。覆土前，料面应保持稍干燥。覆土调水后，菌丝很快恢复，爬土快，切忌在料面喷水。若料面仍较潮湿，应打开门窗进行大通风2～3天，以吹干料面。覆土前还应该采取一次全面的“搔菌”措施，即用手将料面轻轻搔动，拉平，再用木板将培养料轻轻拍平，覆土调水以后，菌丝恢复生长，往土层中生长的菌丝更多，更旺盛。

49. 覆土材料怎样选择和配制？

覆土材料应符合《无公害食品　食用菌产地环境条件》(NY 5358—2007) 中4.4.2对土壤二级标准值的要求。可因地制宜，根据当地土壤状况进行选择，一般常用的覆土材料是把壤土进行配制后使用，配制方法如下：

壤土 3.5 米^2（100 米^2 用量），稻壳或麦壳 100 千克，磷肥 15 千克，石膏 20 千克，石灰 15 千克。

壤土在覆土前 15 天取耕作层 30 厘米以下土壤，打碎、晒干，粉碎后过筛。覆土前 3 天，按配方把各种覆土材料堆放在水泥地上，充分拌匀，用 5%石灰水预湿，堆成高 1 米的圆堆，覆膜曝晒，进行消毒处理。薄膜覆盖 3 天后，加水调湿使含水量达到 22%，调节 pH 为 7.5 左右，即湿而不泥、手捏成团、落地散开为宜。

50. 覆土厚度多少为宜，2 次覆土的好处是什么？

覆土厚度 3.5 厘米，分 2 次进行，先覆粗土，后覆细土。粗土占覆土量的 2/3，厚度约 2.5 厘米，细土占覆土量的 1/3，覆土厚度 1 厘米。覆土前将菇床表面菌皮层轻扒一下，使表层菌丝断裂，覆土后菌丝可在断裂处快速形成新的生长点，缩短菌丝爬土时间。覆土要均匀一致，覆粗土后将粗土喷湿，采用多次勤喷至含水量达 20%左右，覆粗土后 10 天左右在土缝间能看到菌丝，部分索状菌丝穿入粗土中，第二次覆细土，要求厚度均匀一致，注意保持土壤水分。

2 次覆土的好处：一是覆土均匀，厚薄较一致；二是有利于出菇，出菇时子实体原基分化在 2 次覆土的中间，蘑菇生长健壮，同时避免了大量小菇的产生。

51. 覆土后菌丝不爬土怎么办？

覆土后 3～5 天扒开覆土层看不到菌丝爬土，即菌丝不往土

层里生长，料面上菌丝呈灰白色，稀弱无力，严重者料面见不到菌丝，甚至发黑，这是菌丝萎缩所致。究其原因有几个方面：一是覆土前料面太湿，覆土后氧气供应不足，料面菌丝逐渐失去活力而萎缩；二是覆土后喷水太多且过急，喷水过重水分很容易直接渗透到料面，菌丝因缺氧而窒息萎缩；三是菇房通风不够，因双孢蘑菇菌丝代谢的热量和排出的二氧化碳不能及时散发而自身受到损害，产生菌丝萎缩现象。

为防止上述现象产生，应立即停止喷水，加强通风，降低培养料湿度，以利于菌丝恢复爬土。此外，在菌丝恢复爬土后，进行喷水管理时，每次喷水后菇房都要大通风，防止菌丝萎缩现象再次产生。

52. 覆土层表面菌丝生长太旺盛怎么处理?

覆土15天后菌丝冒出覆土层，在土表面形成白色的菌被层，出现这种现象有几方面的原因：一是与覆土层太薄或偏干有关；二是结菇水喷洒过迟，或喷结菇水后菇房通风不够，菇房温度过高等，菌丝营养生长过旺，造成菌丝在土层中过分生长，长出覆土表面后布满土表，产生冒菌现象。如果菌丝长出土层表面后持续遇到2～3天高温、高湿环境，菌丝就会徒长，形成一种浓密、不透水、不透气的菌被层，不仅大量消耗养分，而且会阻碍双孢蘑菇子实体的产生。防止菌丝徒长结或菌被的措施是：当菌丝刚长出覆土层，就要及时喷结菇水，并加强通风，促使菌丝由营养生长转向生殖生长，以利于原基的形成；若不能使表层菌丝消退时，可喷0.5%石灰水；如果土面已有菌被，可用小耙或铁片将菌被耙开或去除，阻止菌丝的继续生长，然后再喷结菇水，加强通风，促进菇蕾产生。

53. 覆土后多长时间开始出菇？

覆土后到出菇需要15～20天。覆土后到出菇前的管理非常重要，第二次覆细土后5～8天是子实体原基分化期，这个阶段菇房温度、湿度、通风要协调进行，把温度控制在15～18℃，昼夜温差控制在3～5℃，重浇出菇水，使覆土层含水量达到饱和，地面洒水，空中喷雾状水，保持空气相对湿度在85%～90%。同时，要加强通风，保持菇房内空气新鲜。

54. 出菇前的关键措施是什么？

覆土后出菇前关键措施是调水，调水分3次进行，采取两头轻、中间重的喷水法，原则是“少喷、勤喷、轻喷、循环喷”，达到“调透土，不漏料”的效果，将土粒调至无白心，质地疏松，手能捏扁。菇房内空气湿度保持在80%～85%，整个调水过程要视气温、风力、风向等情况配合通风进行，保持房内空气新鲜。调水结束后早晚各通风1～2小时，降低菇房内湿度，让土壤表层稍干于土层内部，抑制杂菌滋生。以后每日视土层干湿情况，适当少喷、勤喷，调节湿度。覆土后因调水易导致覆土层板结，可用铁丝耙把板结层耙开，松动菇床的覆土层，改善通气及水分状况，促使断裂的菌丝体遍布整个覆土层，当菌丝快要长到土层表面时要用小耙将表土层轻轻搔动一次，让菌丝在土层中横向生长，不冒出土面，防止过早扭结出菇，造成出菇不齐，让菌丝扭结在粗土上、细土下形成出菇部位，保证出菇的质量。

55. 光照太强对双孢蘑菇生长发育有哪些不利影响?

在双孢蘑菇的菌丝和子实体生长发育过程中均不需光照，一般在散射光的条件下就可以生长，不能强光照射。子实体在较暗的环境下长得洁白、肥大，若光线太强，长出的双孢蘑菇表面粗糙、易硬化且容易开伞，色泽呈灰白色或淡黄褐色，商品性差，不好销售。

56. 出菇后第一潮菇的管理要点有哪些?

出菇后第一潮菇由于培养料营养丰富，双孢蘑菇生长速度快，出菇密度大。第一潮菇的产生比较集中，菇床上下不同层间出菇的先后时间相差不大，因此在菇床上会看见密密麻麻的菇蕾，一般第一潮菇的产量要占到其总产量的30%左右，所以第一潮菇管理的好坏对产量的高低起着重要的作用。在生产上，只要第一潮菇管理好了，就基本可以收回除固定资产之外的全部成本投资，可见第一潮菇在产量和效益上都是非常重要的。

出菇后的管理关键是要正确处理好温度、湿度、通风三者之间的关系，使之能够协调一致，充分满足子实体生长发育对各项环境条件的要求。既要多出菇，出好菇，又要保护好菌丝，为后期菇打下基础。第一潮菇产量的高低除了与出菇前的管理水平有关外，出菇后的管理也十分重要，主要应把握好以下几点。

①温度。双孢蘑菇子实体在8～25℃均可生长，但是在不同的温度条件下，生长的质量有很大的差别。子实体原基分化的适宜温度为15～18℃，原基分化完成后，子实体生长发育时，适

宜温度也在15～18℃。温度要宁低勿高，在15℃左右，子实体生长虽然缓慢，但菌盖厚实，菇形品质好。在20℃以上，子实体生长速度明显加快，菌盖大、易开伞，菇形品质下降。若温度连续几天高于25℃，就会出现死菇现象，特别是刚出土的菇蕾更易发黄萎缩。如出现25℃以上高温时，应向菇房地面、墙面大量喷水，尽量降低菇房温度。高温天气过后，马上清除床面，把死菇及发黄枯死的老菌块拣去并适当补土，平整床面。总之，根据子实体生长对温度的要求，在管理上应对温度变化采取及时合理的调控措施，使菇房温度既不要太低，也不要太高，尽可能地保持在适宜的温度范围。

②湿度。双孢蘑菇子实体生长的适宜空气相对湿度要比原基分化时低一些，菇房内的相对空气湿度不低于85%即可。

③通风。在双孢蘑菇子实体生长发育过程中必须不断地进行氧气的供应，当通风不良时，子实体表面会变的黏重，易产生病害，使幼菇的菌盖发黏、发臭，导致幼菇死亡。若出现长柄小盖菇、红菇、锈斑菇，必须及时通风。

④光照。双孢蘑菇子实体生长发育过程中，适宜的光照强度对子实体具有良好的刺激作用，但并不需要太多和太强的光照。在弱光下，例如在可辨认书报字的光线下，菇体色泽较浅，呈乳白色，有光泽。在直射光光照下，光照时间越长或光照强度越大，菇体色泽越深，表现为浅黄色，光泽度低。因此，从子实体的色泽表现来讲，光照太弱或太强都不好，以保持较弱的自然散射光照最好。

57. 出菇期间喷水管理要掌握哪些原则？

在双孢蘑菇子实体生长过程中，喷水是一项重要的技术，喷水既不能太大，也不能太小。喷水太大易出现水渍菇、烂菇、死

菇，喷水太小则易出现萎缩菇、干裂菇。关键是要通过喷水措施，保持菇床和菇体表面的湿润。总的来讲，喷水应掌握以下几个原则。

一是喷水工具必须用喷雾器。喷雾时要顺着走道边走边喷，喷头应与菇体保持一定的距离，并且喷头要在摇动中来回、上下喷雾，切忌用水管直接喷洒在菇体上。

二是菇房内温度高、湿度低时，应增加喷水次数，但不宜喷大水。要轻喷、多喷，即每次轻喷一点，可以多喷几次，一般每天至少要喷 3 次，即上午、中午、下午各一次，晚上可根据情况补喷一些。

三是菇房内温度低、湿度大时要少喷或不喷。在低温下，由于水分蒸发慢，喷水后水分滞留在菇体上的时间长，易产生水渍菇，如果喷水量大时，还易产生烂菇或死菇。

四是晴天光照强时要多喷，阴天与下雨天要少喷或不喷。大多数晴天情况下，空气的相对湿度都较低，因而菇体上的水分挥发也较快，所以需要多喷水，但也要掌握轻喷的原则，不要一次喷水太重。阴天或下雨天时空气的相对湿度大，菇体上的水分挥发较慢，因此基本上不需要喷水，如果菇体较干时，可适量地轻喷一次水。

五是遇到大风天气时需要多喷水。尤其在西北和华北地区，大风天气条件下，空气相对湿度较低，菇体水分散发很快，应根据菇体水分情况，适量地多喷水。

58. 为什么菇蕾期不宜喷水？

菇蕾期是指菌盖与菌柄尚未完全发育成形，菇蕾刚冒出土表面时呈一小白点。此时，不宜喷水，否则极易造成菇蕾的死亡。如果土层干燥或空气相对湿度低，应以喷雾的方式保护菇蕾，在床面上或菇房内空间喷雾，保持土层面的湿润，提高空气湿度。

59. 为什么幼菇期不宜喷大水？

幼菇期主要是指菌盖与菌柄已经发育成形，能看到明显的菌盖和菌柄。此时，不宜直接向菇体喷大水，否则会使幼菇死亡。喷水时手拿喷雾器顺着走道过一次即可，随着菌盖的逐渐长大，可适量地加大喷水量。

60. 出菇期菇房如何进行通风管理？

一般来讲，菇房内每天有3～5个小时的大通风时间，就能基本满足子实体生长发育的要求，并不要求全天大通风。因此，通风的具体时间、通风次数和通风量，要根据气候条件和通风的效果来确定，要根据外界的气候条件与菇房内的温度、湿度变化情况灵活掌握，并与喷水措施相结合协调进行。

在正常天气条件下（15～18℃），可采用持续长期的通风方式，即在菇房中选定几个通气窗长期开启。无风或微风时可开对流窗、南北窗。风稍大时，只开背风窗，以免影响菇房湿度。

在白天气温高时（高于18℃）应选择在早晨和晚间通风。无风天气，南北窗全部打开，有风时只开背风窗。由于白天气温高、湿度小，如果选择在白天通风时干热空气会进入菇房，不仅不能降低菇房的温度，反而会降低菇房的湿度。当湿度降低后，又需要喷水来增加湿度，致使菇房内形成了高温高湿的环境，反而不利于子实体的生长。在菇房内温度高、湿度低的情况下，应先向菇房的墙壁、地面、菇体及空中进行大量地喷雾状水，喷水后再开始通风，对降低温度有很好的作用，同时会带走喷水时大

量积聚在菇体表面多余的水分。可在通风口处挂湿帘，或在通风口处多喷些水，使通风口处经常保持湿润的状态，对降温和保湿都有好处。

在早、晚气温低时（低于 14℃）则选择在白天中午通风。由于早、晚间的气温很低，如果在晚间通风冷空气进入菇房，会使子实体发生冻害而死亡。白天经过上午太阳光照射，菇房温度上升，中午通风时内外温差不大，不会影响子实体的生长。在菇房内温度低、湿度大的情况下，应减小通风量和通风次数，同时喷水量也应减少。

61. 为什么会出现小菇、密菇或丛菇，怎样避免？

所谓“小菇”是指长不大的双孢蘑菇，菌盖直径长到约 1 厘米时即停止生长不再长大，最后萎缩死亡或发霉。小菇发生的原因比较复杂，一是可能与菌种退化有关，菌丝的生理活性降低，菌丝不能把养分及时输送到子实体，子实体缺乏营养来源而长不大或死亡。二是菌种可能被病毒感染，生理代谢途径发生了改变，菌丝不能吸收或转化养分，子实体缺乏营养来源而长不大或死亡。三是与栽培料氮营养不足、营养结构不合理或发酵不好等有关。小菇少量发生时对产量影响不大，在生产上也比较常见。但是，如果小菇大量发生时，不仅影响双孢蘑菇产量，而且造成商品品质严重下降，双孢蘑菇滞销，损失较大。需要认真对待小菇大量发生现象，切实找出原因，避免以后再次发生。

所谓“密菇”是指在土层表面产生的大量密密麻麻的双孢蘑菇，这些密菇大部分都不会长大，很小时就死亡了，只有少数的能够长大成菇。密菇发生的主要原因是结菇部位不适当，菌丝扭结而成的原基发生在覆土的表层，子实体大量集中形成，造成菇密而小。为防止产生密菇，应避免菌丝在覆土表面旺长集结，及时喷结菇水，结菇水用量要足，菇房通风要大，防止菌丝继续向土面生长，抑制过多子实体的形成。

所谓“丛菇”是指一丛一丛地群生在一起的双孢蘑菇（图10），基部菌柄簇生在一起，相互粘连不易分开，菌盖相互挤压变形，不圆或呈不规则形，子实体参差不齐，不便于采菇，商品性大大降低。丛菇产生的原因可能与某些菌种的特性有关，也可能与播种方式有关，一般采用穴播方式易产生群菇。

图10　聚集生长的丛菇子实体

62. 为什么会出现死菇，怎样避免？

出菇以后，经常遇到大批死菇的现象，究其原因，一是高温因素和喷水不当所引起，在出现小菇蕾后，若菇房温度超过25℃，菇房通风不够，子实体生长受阻，菌丝体生长加速，营养便会从子实体内倒流回菌丝中，供给菌丝生长，大批的菇蕾便会逐渐干枯而死亡。二是喷结菇水前未能及时补土，米粒大小的菇蕾易受水的直接冲击而死亡。针对上述原因，应防止高温影响及喷水时保护好幼小的菇蕾可有效地减少死菇的发生。

在出菇后期，木霉菌污染料面后侵害子实体，也会造成死

菇。木霉菌先是在菇体的柄基部产生绿色的霉状物，接着发生腐烂，使菇体萎缩死亡。发生严重时，木霉菌菌丝会缠绕在整个菇体上，先是白色，然后变绿腐烂。防治办法：在出菇阶段，要及时清理料面，如清除菇根、死菇等，喷水时可在水中加入一点石灰使水略呈碱性，防止栽培料的酸化，具有防止木霉菌污染的作用。

63. 为什么会出现畸形菇，怎样避免？

出菇过程中发生的畸形菇主要表现为长柄菇或疙瘩菇等。长柄菇特征是菌盖小而菇柄细长，易发生在菇房的中部或角落。疙瘩菇特征是菌盖上出现瘤状的疙瘩，严重时疙瘩会布满菌盖的表面，非常难看，无法销售。发生原因：菇房二氧化碳含量超过0.3%时易出现长柄菇，或在高温季节菇房温度超过25℃，如果出菇部位较浅或太深也往往导致出现畸形菇；疙瘩菇主要出现在冬季，夜间菇房温度太低（8℃以下），白天温度较高（18℃以上），昼夜温差太大所引起。预防措施：长柄菇需要加强和改进菇房通风换气方式，特别是菇房中部和边角的气流要通过通风流动起来；疙瘩菇主要是要做好夜间的菇房保温，尽量保持菇房温度在12℃以上。

64. 怎样预防薄皮早开伞菇？

薄皮早开伞菇表现为菌盖薄，菌盖与菌柄分离早，开伞快，主要出现在出菇后期。发生原因：由于出菇后期栽培料内营养缺乏或高温下菇体生长太快等引起。预防措施：每次采菇后补土，第二潮菇后补施营养液，采取综合降温措施等。

65. 怎样预防空根白心菇？

空根白心菇是在菇柄的内部产生白色髓部，甚至空心。发生原因：与喷水较少、覆土层较干燥、子实体得不到充足水分供给有关，出菇期间，若温度高，子实体生长迅速，水分供应不足，就会在菌柄内产生白色疏松的髓部，甚至菌柄中空，有时，也会因气温低，子实体生长缓慢，在床面因停留时间过长而形成空心菇。预防措施：应及时调整覆土层含水量，适时适量喷水，使菇房空气相对湿度保持在85%以上。

66. 怎样预防硬开伞菇？

硬开伞菇（图11）是指菇体在生长过程中尚未成熟即开伞或出现菌盖与菌柄的分离，往往易出现在菇房内靠近通风口的地方。发生原因：当气温变化幅度大，昼夜温差达10℃以上，加之空气湿度小和通风过多时易引起硬开伞；覆土层过薄，也易发生硬开伞菇。预防措施：当气温骤烈变化、昼夜温差太大时，要

图11　硬开伞菇

在夜间采取保温措施，减少通风量，保持菇房气温稳定、湿度适宜，此外每次采菇后，对缺土的坑凹地方要及时补土。

67. 怎样预防红根菇？

红根菇是指菇体在生长过程中菌柄色泽逐渐变深，初白色，渐变为淡黄色或浅褐色，后呈棕褐色。发生原因：出菇前高温阶段喷水较多，覆土层含水量大，栽培料偏酸，通风不良等，在出菇后期补施营养液过多等也易发生红根菇。预防措施：避免高温时喷水，喷水时加少量清石灰水，调整好栽培料酸碱度，覆土层含水量保持在22%～25%，喷水后及时通风，后期补施营养液浓度要适当。

68. 怎样预防地蕾菇？

地蕾菇（图12）是指菌盖距离土表面太近，有的甚至紧贴

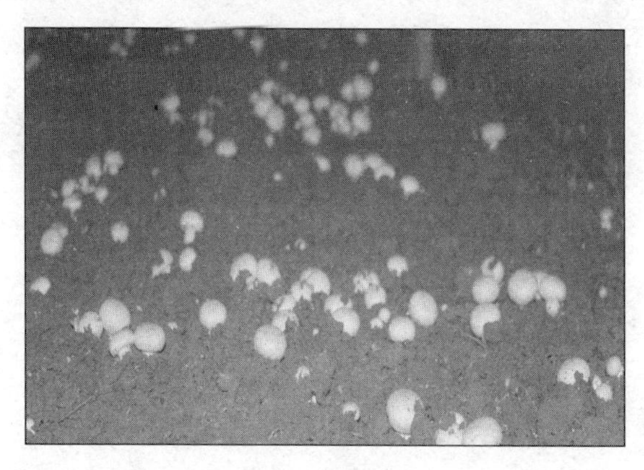

图12 地蕾菇

土表面，几乎看不到菌柄，菌盖上往往沾有泥土。发生原因：覆盖细土太迟，结菇水喷用过急，用量过大，或调水后菇房通风太大等，抑制了菌丝向土层上生长，使菌丝在粗土层间扭结，降低了出菇部位，菇体从粗土间顶出产生地蕾菇。预防措施：应适时通风，喷水适量。

69. 怎样预防双孢蘑菇锈斑病?

双孢蘑菇锈斑病（图13）的特征是菌盖表面有铁锈色的斑点或斑块，严重时菌盖整体呈铁锈色，严重降低双孢蘑菇品质，无法销售。发生原因：菇房湿度过大，喷水后没有及时通风换气，由于空气湿度大，菌盖表面水分不易散发，菇体表面长时间存有水滴的部位便可能会出现铁锈色的斑点；此外，如菇房内有菇蝇，菇蝇成虫飞落到菌盖上的部位也易发生锈斑病。预防措施：喷水要细，不要把泥土溅到菌盖上，每次喷水后及时打开门窗通风换气；安装窗纱防止外来菇蝇进入菇房，用灯光、性诱剂等诱杀菇蝇。

图13　双孢蘑菇锈斑病

70. 出菇过程中出现鬼伞，怎样避免？

鬼伞易发生在覆土前后的一段区间内，比出菇时间早，一般在出菇过程中出现鬼伞的几率较少。但是，在出菇过程中，鬼伞伴随着双孢蘑菇的生长而发生时，不仅与菌丝争夺营养，影响子实体的生长，而且鬼伞生长快，长得高，开伞快，烂得快，有时会烂在菌盖或菌柄上，污染了菇体，很难清除。大部分鬼伞烂在土表面后，污染了土层，会严重影响下一潮菇的产生，同时也会招致其他杂菌或虫害的发生。防治办法：预防方主，首先是对覆土前后发生的鬼伞进行彻底清除，特别是烂在土表面的残留物也要清理干净，出菇前喷石灰水调节土层 pH 至 7.5 左右可减少鬼伞发生。

71. 怎样促进第二潮菇的产生？

第一潮菇采收完后，即进入第二潮菇的管理。由于第一潮菇已消耗了栽培料中许多养分和水分，所以第一潮菇采收后，不会马上产生第二潮菇，菌丝体还需要一个休养生息和集聚养分的过程，这个过程大约需要 10 天。为了使第二潮菇能够顺利产生，应采取以下几项措施。

（1）床面清理。采收完第一潮菇后，将菇床表面残留的死菇等清理干净，不要让死菇烂在菇床上，否则会引起细菌或真菌的污染及虫害的发生。清理料面时，可用木片轻轻地挖掉死菇，把床面清理干净后补土。

（2）补土。采菇时尽量不要把菇根部的土带走，否则会在床面留下许多凹凸不平的小坑，喷水时会造成小坑内水分太大或积水，有的地方还会使栽培料暴露在外面，影响下潮菇的产生。因此，床面清理干净后，要及时把小坑用土补平。补土时可用覆土时剩余的土，调湿后把小坑补平就行，不能用干土。

(3) 补水。应根据覆土层的干湿情况确定补水量，与管理第一潮菇时的重喷结菇水不同，不可喷大水，防治水分太大把料面打穿，使菌丝萎缩或消退。要采取缓喷、慢喷、轻喷、勤喷的方法，把土层水分调至适宜的程度，同时对土层下栽培料的水分也有适宜的补充。

72. 怎样补充营养液促进后期菇的增产？

双孢蘑菇生产主要集中第一、第二潮菇，第二潮菇以后都属于后期菇。后期菇由于养分减少，产量逐渐降低。为了及时补充栽培料和覆土层中所缺的养分和水分，在生产上一般是配制成营养液喷施在菇床上。营养液的配方如下。

配方一：葡萄糖 0.3 千克，磷酸二氢钾 0.2 千克，硫酸镁 0.1 千克，豆饼水 5 千克，水 100 千克，pH 7。

配方二：白糖 0.5 千克，磷酸二氢钾 0.2 千克，硫酸镁 0.1 千克，米糠水 5 千克，水 100 千克，pH 7。

配方三：白糖 0.5 千克，磷酸二氢钾 0.2 千克，硫酸镁 0.1 千克，煮菇水 10 千克，水 100 千克，pH 7。

配方四：白糖 0.5 千克，磷酸二氢钾 0.3 千克，硫酸镁 0.1 千克，培养料煮出水 10 千克，水 100 千克，pH 7。

上述配方中，葡萄糖（或白糖）、磷酸二氢钾和硫酸镁直接加入水中即可。豆饼水或米糠水要在开水中分别加入 2 千克后再煮 20 分钟，然后过滤掉残渣，把滤清液加入即可。煮菇水就是把清理袋面时收集到的废弃菇、加工过程中切下的菇根等，在开水中煮 20 分钟，然后过滤出液体加入即可。培养料煮出水就是将每次上料时没有用完或预留的培养料晒干保存，使用时将其搓

碎，在锅内煮20分钟，过滤冷却后使用。由于腐熟的培养料中含有丰富的碳素和氮素及较全面的矿物质元素，能满足双孢蘑菇生长对各种营养成分的要求，经常使用培养料煮出水，能延长出菇高峰期，使子实体肥厚、白嫩，这是一种既经济又安全的追肥方法。

按配方配制好营养液后，充分地搅拌均匀，不要产生沉淀，用注水器把营养液注入培养料中，注意一定要把注水器插入料内效果才最好，这样菌丝可直接吸收到水分和养分。如果营养液都喷在覆土层，由于土层的阻隔作用，菌丝吸收较慢，吸收不均匀，效果较差。在注射中，由于水压的作用，液体进入培养料的速度很快，而菌丝不会马上就把液体全部吸收，部分液体会从培养料中溢出流失，因此营养液不宜一次使用太多，否则若菌丝不能全部吸收时，会造成营养液的浪费或造成营养液积聚处培养料的腐烂。补充营养液要注意各种营养液交替使用，随配随用，不可久置，补液后加强通风，避免菇床上培养料过湿。

73. 怎样做好双孢蘑菇越冬管理?

在北方等寒冷地区秋菇结束后，随着气温不断下降，双孢蘑菇菌丝基本停止生长，进入半休眠状态，当年的出菇阶段结束。双孢蘑菇越冬期一般从冬至至翌年惊蛰，这段时期时间长、气温低，菌丝处于极缓慢或停止生长阶段，对水分和氧气的需要相对减少。为使菌丝顺利过冬，在越冬前，应先清理菇床，把残菇、老根、死菇等清理干净，补上新土。土面较硬、通气性差的栽培料，应破除板结，增加通气性。要加强菇房的保温，防止寒流袭击，菇房外边用秸秆或草帘围盖，并用铁丝或绳索揽紧，防止大风吹散，同时要防火。

74. “干越冬”和“湿越冬”管理有何不同?

根据菇床栽培料的干湿程度，通常采用“干越冬”和“湿越冬”两种管理方法。

(1) “干越冬”。干越冬是指在整个越冬期菇房内喷水量逐渐减少，控制水分使覆土层水分含量逐渐下降，使菇床表面通风干燥，覆土层下边栽培料保持湿润，让栽培料中菌丝能呼吸到新鲜空气，菌丝不干瘪，尽量不受冻，土层湿度降至不出菇为宜。

(2) “湿越冬”。湿越冬是指秋菇生产结束后，停止喷水，通风至覆土基本干燥。菇床上面打孔，并松动覆土层呈蜂窝状。补上覆土，调水至土层潮湿为止。覆土层水分过干菌丝易干瘪，不利于春季出菇，应注意喷水保湿。每周结合通风喷2次水，保持土壤表面不发白、湿润即可，不能过湿。

以上两种方法，各有利弊，可根据具体情况灵活运用。

75. 越冬后怎样进行春菇管理?

经过越冬管理后春天还可以出菇，春菇管理得好，可使其出菇产量占到总产量的30%。春菇管理与秋菇相比有3个不利条件，一是栽培料养分不足，在冬季低温阶段菌丝又受低温影响，生长势较弱，出菇能力比秋菇明显降低，如管理不当，容易造成菌丝萎缩和死菇。二是春季气温变化起伏大，气温时高时低，忽冷忽热，尤其在北方地区刮大风天气多，气候干燥。三是随着温度升高，菇房内外环境中病虫害逐渐增多，严重影响春菇产量。应重点做好以下几项工作。

(1) 松土。为使覆土层内菌丝恢复生长，应对土层进行松

动，排出土层内积累的废气。松土方法要视覆土层的菌丝生长情况灵活选择，如果覆土层菌丝生长束状密集，应先将细土刮到一边，翻动粗土，使板结的束状菌丝断裂，再覆上细土，促进菌丝萌发。

（2）补养分。补养分可结合喷水进行，喷水应选择在温度开始上升以后喷洒，在适宜温度下，通过调水促使菌丝萌发生长。发菌水用量视菇床缺水情况而定，不可过量，不可一次喷完，应每天喷水 2 次，3 天喷完。在发菌水中可加入配好的营养液喷施，有利于菌丝恢复和生长。补养分要注意以下 3 点。

①补充养分要适期。每出一批菇都要消耗大量养分，补充养分最适宜时期应在采菇后及时施用。

②营养液浓度要适当。营养液浓度不是越高越好，如果浓度太高，反而会抑制菌丝对养分的吸收，妨碍菌丝正常生长；如果浓度过低，起不到补充营的作用。

③养分要合理搭配。双孢蘑菇生长不仅需要氮、磷、钾等大量元素，还需要微量元素，因此不同营养液配方应合理搭配使用或交替使用。

76. “干越冬”后怎样进行春菇管理？

“干越冬”后应采取以下措施进行春菇管理。

（1）水分管理。采用“干越冬”的菇房，覆土层和栽培料在经过较长时间的越冬期后脱水严重，管理重点在于调节水分。配制 2%～3%石灰水，从栽培料顶层开始，逐层向下浇水，用水量为 5～6 千克/米^2，每天浇水 2 次，浇水时以上层栽培料中有富余的水滴落到下层栽培料为宜，2 天内浇足春菇生长时所需的水分，然后停水 6～8 天，保温以利于菌丝萌发生长，在栽培料中、覆土层中看到绒毛状菌丝后，再适量喷水，初期喷水要轻，要根据床面菌丝生长情况和覆土层含水量适当调水，以利菌丝生长。不能喷大水，否则新长出的绒毛状菌丝受到大水的淋洗易造成自溶或萎缩。

（2）温度管理。春菇生长期的特点是气温由低到高，气温起伏大，昼夜温差大，初春气温偏低，后期气温偏高。当昼夜温差超过10℃，易造成菇蕾的大量死亡。后期菇房温度高，子实体生长快，但个体重量轻，肉质疏松，菌柄细长，易产生薄皮菇、开伞菇，品质差。对春菇危害最大的是气温剧烈起伏导致死菇，要密切注意气候变化，及时采取对应措施。

（3）通风管理。春菇出菇前，气温偏低，菌丝生长呼吸作用排出的二氧化碳浓度也低，菇房应适当减少通风量，通风时间应视菇房温度灵活掌握，气温在14℃以下时，应在中午适当开窗通风，保证菇房内温度不下降。春菇出菇后，应适当加大通风时间和风量。但是，北方春季风干燥，通风与保湿要兼顾，不能因风大不通风，也不能因通风而吹死菇体。在刮风天，仅开背风窗，同时在窗口内挂上湿草帘，经常在草帘上喷水，保持草帘的湿润，通风时就可避免干燥的西北风直接吹到菇床上，使菇房内湿度基本比较稳定，避免菇蕾受风发黄或干缩死亡。在无风的天气南、北窗可全部打开，但最好在南北窗口都挂上湿草帘，通风时把草帘全部喷湿，既通风又增湿，一举两得。

77. “湿越冬”后怎样进行春菇管理？

采用“湿越冬”的菇房，栽培料与覆土层中均保持有一定的水分，菌丝生长状态较好，但耐水力仍很弱，一定不能用喷大水的方法浇水，否则会造成覆土层与栽培料中水分过多，出现菌丝自溶退菌现象，不利于菌丝生长和子实体形成。因此，初期应采用轻喷的办法，先把覆土层调湿，菌丝长势逐渐完全恢复，菌丝

耐水能力增强后，再逐渐加大喷水量。

其他管理可参照“干越冬”的方法进行管理。总的来讲，要根据菇床栽培料养分状况、菌丝生长情况，结合当地气温回升快慢、气温高低变化、风力风向等，对菇房温度、水分和通风进行灵活调节，做好防低温、抗高温准备工作，密切注视病虫害的发生，做到及时防治。

78. 双孢蘑菇夏季反季节栽培的关键是什么？

双孢蘑菇夏季反季节栽培应采取的关键措施及需要注意的事项包括几个方面。

一是选择适宜的出菇场地。在夏季反季节栽培中，应选择高海拔山区的窑洞等温度较低的地方。高海拔山区，夏季的气候十分凉爽双孢蘑菇的野生菌就是在这个季节产生，因此非常适宜双孢蘑菇反季节栽培的实施。例如，在山西省汾西县的窑洞内温度一般不会超过23℃，完全能满足双孢蘑菇生长发育的要求。在高海拔山区栽培的双孢蘑菇产品还具有质量高的优势，主要是由于良好的出菇环境、空气、生产用水、栽培原料、覆土等原因。近年来，各地把扶贫项目的实施大都放在山区，根据山区的自然优势，选择双孢蘑菇进行反季节的栽培生产，应是一项利国利民的好事情。但是在实施过程中，一定要以点带面，确实掌握栽培技术后再逐步推开，切忌搞群众运动、急功近利、盲干蛮干，劳民伤财，反而不利于双孢蘑菇栽培技术的推广。

二是选择适宜的出菇时间。为了避免极端气候给双孢蘑菇夏季反季节栽培造成损失，要合理地安排出菇时间，使出菇期尽可能地避开极端的高温天气。极端气候主要是指气温明显高于历史记录，且持续时间长的高温天气。目前，对于广大菇农来讲，由于经济能力有限，生产设施条件差，根本无法抵御出现的极端天气，所以要正确地理解双孢蘑菇反季节栽培，并不是说反季节就是温度越高越要生产，它也是相对的，其主要目的是在人的作用下，尽可能地弥补生产的空隙，实现双孢蘑菇提早上市或延长产品的市场供应时间。例如，避开夏季的“三伏”天，可以选择在此之前或之后出菇，这就要在制种和下料生产之前做好计划。

三是选择适宜的出菇模式。双孢蘑菇在夏季反季节栽培中采用空调出菇房是近年来发展较快的一种栽培模式，基本上一年四季可以保证鲜菇的均衡上市。空调出菇房的核心组件包括温度调节、湿度调节、二氧化碳浓度调节及空气净化控制系统。空调系统要在保证菇房空气净化控制的前提下，能够有效调节菇房内的温度、湿度、二氧化碳浓度，满足蘑菇栽培的技术工艺控制要求。温度调节，湿度调节，二氧化碳浓度调节三因素是即相互独立又相互联系制约，关系到出菇房是否能实现四季出菇，稳产高产。

设计建造出菇房的空调系统时，主要是根据出菇房的大小、保温情况和栽培面积来确定空调系统的制冷量、制热量和通风能力。其中，栽培面积和单位产量是确定出菇房空调系统负荷的重要参数。一般要求出菇房的温度应在15～20℃范围内可调；相对湿度在70%～98%范围内可调；二氧化碳浓度在800～5 000微升/升范围内可调，菌丝培养阶段一般不用主动控制二氧化碳浓度。

出菇房的空调选型时在考虑出菇房结构尺寸、栽培面积、净化要求等因素的同时还要考虑地区环境的温度、湿度、海拔高度以及双孢蘑菇的销售方式等因素，如果是以鲜品销售为主，对空调的除湿能力要求高一些；如果是为罐头、速冻等加工提供原料，对空调的除湿能力就要求低一些。空气净化控制系统包括净化过滤系统和正压控制系统，外界空气只能通过装有过滤器的进风口进入菇房内，栽培过程中，出菇房内应始终保持正压。

空调出菇房用水系统包括：菇床喷水用的净水系统、清洗用

水系统、空调用水系统及排水系统。菇床喷水用的水源要达到饮用水标准，每栋菇房至少有一个接口。清洗用水主要用于菇房、走廊地面及工具、周转箱等清洗，走廊内要有清洗槽，每间菇房内要有一个接口。排水系统主要是菇房清洗排水和空调冷凝水排水，排水要保证菇房之间不串气，室外污水及空气不能倒灌进入菇房内。

在设计空调出菇房时，除考虑以上设计要点，还要考虑栽培的具体品种、原材料、环保、节能等因素。各地由于生产规模与栽培品种的不同，建设地气候环境、地理、地形、海拔、植被的差异等，对空调出菇房的设计要求也不同，不能照搬一个模式，否则会造成不必要的损失。

79. 双孢蘑菇病害有哪些类型，怎样区别？

根据双孢蘑菇病害发生原因一般分为生理性病害、侵染性病害、药致性病害3个不同类型，主要区别如下。

（1）生理性病害。生理性病害又称非侵染性病害。这种病害主要由环境影响所造成，而无病原微生物的侵染，当环境条件不适或发生剧烈变化时，双孢蘑菇的菌丝体或子实体的生理活动受到阻碍甚至遭到破坏，表现出病害的症状，如菌丝在生长过程中呈纤细灰白或绒毛状不“吃”料，子实体柄长盖小或菌盖上出现疙瘩等畸形。

（2）侵染性病害。侵染性病害又称非生理性病害。这类病害是由不同的病原微生物侵染双孢蘑菇菌丝体或子实体后引起的，按侵染病源微生物的不同，又分别称为真菌性病害、细菌性病害、病毒性病害，其中真菌性病害和细菌性病害较易发生。常见的真菌性病害有子实体枯萎病，细菌性病害有菌种袋腐烂病和子实体腐烂病。

传染性是侵染性病害的一个显著特点，也是它与生理性病害在危害性上的不同之处。其传染方式主要是病原微生物在经过侵染引起发病后，病原物就会在菌体内外大量地繁殖体，这些繁殖体可以是带菌的材料，也可以是孢子或芽孢等，繁殖体再通过各种途径，如操作时手上带菌、风力传播等侵染更多的寄主，如果某种病菌能够不断地反复侵染引起发病，那么就会造成该病的流行。

根据病原微生物的危害方式，主要有寄生性病害、竞争性病害以及寄生兼竞争型病害3种病害类型。①寄生性病害的特征：病原微生物可以直接从双孢蘑菇的菌丝体或子实体里吸取养分，使双孢蘑菇的生长发育受到影响，产量和品质降低，这类病原物主要是病毒。②竞争性病害的特征：病原微生物着生在培养基上，并与双孢蘑菇菌丝体争夺养分和生长空间，结果使产量和品质降低，这类病原物主要是细菌。③寄生兼竞争型病害的特征：病原微生物在与菌丝体争夺养分和生长空间的同时，还可分泌出毒素等对菌丝体有害的物质，使菌丝体死亡，这类病原物主要是真菌，如木霉菌引起的病害。

(3) 药致性病害。药致性病害发生的原因是因用药不当造成的，例如杀菌剂产生的药害，在生产上主要表现为过量使用和使用不当，过量使用时使菌丝生长能力减弱，接种后菌丝“吃”料慢，菌丝较细弱。近年来，通过对一些典型病害的调查研究，发现药致性类病害的危害性很大，常常造成无法挽回的损失。

80. 双孢蘑菇生理性病害发生的原因是什么，怎样防治？

(1) 生理性病害发生的病因。极端高温或冻害、营养物质缺乏或过剩、含水量不足或过量、二氧化碳累积浓度太大、培养基

酸碱度不适等，是导致双孢蘑菇生理性病害产生的主要原因，当其中一项因素不能满足需要时，就可能使生理性病害发生。

(2) 生理性病害的发病机理。由于导致生理性病害产生的原因很多，因而其发病机理也非常复杂，一般认为主要是在不适的环境条件下，菌丝细胞丧失了对部分氮源的利用能力或者是改变了其代谢途径所致。

(3) 生理性病害发生的特点。由于没有病原微生物的侵染，在病害较轻的情况下，当致病的内外因素解除后，病害可自行消失而恢复正常生长，即具有可恢复性，这是生理性病害的一个重要特点。

(4) 生理性病害的防治方法。生理性病害发生后要及时地找出原因，并迅速做出恰当的调整。例如，当菇房内的通风量不足时，会使菇体产生柄长盖小的畸形，而畸形菇会最先产生在菇房的墙角等通风较差的地方，如果发现有少量畸形菇产生时，就应立即改善通风条件，加大通风量，畸形菇就不会再产生。但是，如果采取的措施不及时，畸形菇就可能大量产生，而产生畸形后的子实体，即使通风再好也不可能再恢复为正常的菇体，必须把它采摘后，再出下一潮菇时才能恢复产生菇形正常的子实体。再如低温冻害，子实体在缓慢的生长过程中会产生锯齿状边缘的畸形，或在菌盖上产生一些小的疙瘩，如果温度继续降低，则子实体会因冻害而死亡，尤其是那些小的菇蕾。

根据生理性病害发生的特点，在防治上应明确以下几点。

第一，要配制好培养基。培养基的养分、含水量、pH 等，必须调整在适宜的程度，否则在后期一旦发现问题，就很难再补救。例如，培养基 pH 太高或过低均会导致生理性病害，pH 太高时，菌丝纤细、灰白色，pH 太低时，又会出现退菌的现象。若发现这些问题后再进行补救就很难起到应有的效果。因此，像这类引起生理性病害发生的内在因素，关键是要做好“防”的工作，避免“治”的成本，防患于未然，才能事半功倍，杜绝此类病害的发生。

第二，对于引起生理性病害发生的外界因素，例如极端高温或冻害、二氧化碳累积浓度太大等，除了在日常的管理工作中作好预防外，关键是要细心观察，发现问题及时解决，因为这些外界因素有时是偶然发生的，例如秋季冷空气侵入突然降温造成的子实体冻害，或者是春季气温突然升高发生的菌丝体“烧菌”现象等。

81. 双孢蘑菇侵染性病害发生的原因是什么，怎样防治？

(1) 侵染性病害发生的原因。要根据发病症状和分离出的病原微生物来鉴定，由于不同的病原菌有时会产生相似的症状，所以最终的鉴定结果要以侵染的病原菌为准。当病原菌侵入后，菌丝或子实体表现出来的不正常特征称为症状，因此发病症状是病原菌特性和菌体特性相结合的反映。在观察发病症状时，应首先对栽培场地、菇房及其周边的环境有所了解，然后再对病害做仔细观察并做好详细的记载，记载时描述一定要规范准确，拍成照片，以便进一步查对。在病害特征非常明显具有典型症状的情况下，可初步判断出病害的类型或病种，如果无法确定时，则需检出病原菌做进一步的鉴定。

(2) 侵染性病害发生的条件。无论是菌丝生长阶段，还是子实体生长阶段，高温、高湿、通风不良的菇房环境都易诱发侵染性病害。在不良的环境条件下，首先是菌丝体或子实体的生长受到抑制，出现生理性的病征，紧接着病原菌乘虚而入，并大量繁殖发生病害。

(3) 侵染性病害的发病规律。如果侵染性病害在较大面积上发生，其发病规律通常要经过初侵染和再侵染的过程。病原菌第

一次侵染的个体称为初侵染，经过初侵染引起发病后，病原菌大量繁殖再侵染其他个体，发病规律是一个由点到面，逐步发展的过程。但是，在生产上有时也会突然发生大面积的侵染性病害，这种情况除了与菌种本身携带杂菌有关外，往往伴随着气温的突然升高。在高温、高湿的环境条件下，由于双孢蘑菇不耐高温致使其抗病能力降低，病原菌则乘机大量繁殖，迅速侵染双孢蘑菇菌体，导致大面积病害的突然发生。

（4）侵染性病害的侵染途径。侵染性病害的病原菌侵染的途径一般有2种，一是培养材料本身带菌，由于在灭菌过程中对杂菌灭杀不彻底，因而在菌丝生长的同时，病菌也随之繁殖扩大并侵害菌丝体。二是外界杂菌的侵入，如接种时操作不严、接种工具和手上带菌或空气中的病菌进入袋内侵染菌丝体。此外，如果菌种带菌时，则菌种也成为传染源，母种带菌会传染原种，原种带菌会传染栽培种，栽培种带菌又会传染出菇袋，因此制种一定要严格，杜绝使用混有杂菌的菌种，否则会给生产造成无法挽救的损失，危害性很大。

病原菌侵染子实体的途径主要是通过外界病菌的传播，如覆土材料、不洁净水、害虫以及空气中的病菌。

（5）侵染性病害的防治原理。根据侵染性病害发生的特点，在防治上应首先明确菌种、病原菌、环境三者之间的关系，一般来讲，侵染性病害是在病原菌的侵染下发生的，如果没有病原菌的侵染不会产生病害，但是在病原菌侵染的情况下，并不是一定会发病，发病的条件取决于以下两个方面。

一是菌种的抗病性。菌种抗病性是决定是否发病的内在因素，菌种抗病性强弱主要是由遗传因素决定的，菌种抗病性越强发病的概率就越小，菌种抗病性越弱发病的概率就越大。不同品种抗病性不同，同一品种在不同生长阶段抗病能力也有差异。此外，菌种的抗病性也与其生长的基质有很大关系，基质理化结构好适宜其生长，就有利于发挥它的遗传抗病能力。从菌种生长阶段来看，幼嫩期和衰老期抗病能力弱，旺盛生长期和成熟期抗病能力强。

二是环境的适宜性。从菌种与环境的关系来讲，环境越有利于菌丝和子实体的生长，菌种抗病性越强，发病的概率就低；而环境不利于菌丝和子实体的生长时，菌种抗病能力降低，发病的概率就高。从病害与环境的关系来讲，病害的发生与病原菌的侵染能力有关，而病原菌的侵染能力又与其在环境中的基数有很大的相关性。当环境不适宜病原菌的繁殖时，环境中存在的病原菌基数少，它的侵染能力相对低，发病的概率就低；相反，当环境适宜病原菌的繁殖时，环境中存在的病原菌基数大，其侵染能力强，发病的概率就高。

总之，病害的发生取决于菌种与病原菌的相对强弱，从某种意义上来讲，菌种本身都是具有一定抗病性的，只要不断地满足它对环境的要求，为其提供适宜的生长环境，保持它的抗病能力，是可以抵御病害发生的。但是，从另一方面来讲，菌种的抗病性也是相对的，在菌丝和子实体生长发育过程中，每时每刻都有可能受到病原菌的侵染，因为病原菌是一大类，在环境中不同病原菌始终是存在的。只要有病原菌的存在，病原菌就有可能随时对菌种发起攻击进行侵害，并在一定的环境条件下发生病害。因此，杀灭或抑制环境中病原菌的繁殖，隔绝病原菌或阻断其传播途径，减少病原菌的侵染概率，对于防治病害的发生都是非常重要的。

(6) 侵染性病害的防治方法。从上述侵染性病害的防治原理出发，在防治方法上可采取以下措施。

①选用优良品种。要选用抗病性、抗逆性、适应性强的品种，并注意菌种不能退化或老化，各级菌种内不带有杂菌。

②材料灭菌要彻底。培养基所选材料要无霉变，并按照要求进行彻底的灭菌，可采用发酵加高温灭菌，或者是高温间歇（也称二次灭菌）灭菌的方法，杀菌效果更好。

③把握好接种环节。要严格按照接种程序对接种室、接种工具及双手等进行彻底的消毒，把握好正确的接种方法。对破损的菌种袋要及时套袋或粘胶，菌种袋的口圈或纸盖脱落时要及时重新盖好。

④搞好环境卫生。要始终保持室内外的环境卫生干净整洁，特别是易产生病菌的废菌种袋、废材料等废弃物要远离培养室和菇房，并做覆盖或深埋处理。

⑤适时调控温湿度。根据季节的变化，适时地调控室内的温湿度，并根据温湿度情况进行通风，保持温度、湿度与通风协调一致。

82. 双孢蘑菇药致性病害发生的原因是什么，怎样防治？

药致性病害是一类因用药不当对双孢蘑菇菌丝体和子实体的正常生长发育造成的损害，这类病害与生理性病害或侵染性病害的一个显著不同点是它的不可逆性，即病害一旦发生，就是实质性的，无药也无法可救，病害会伴随菌体生长发育的整个过程，往往给双孢蘑菇的生产带来毁灭性的打击。例如，敌敌畏产生的药害，不仅严重抑制原基分化，而且还造成子实体畸形，这种危害往往从出菇开始一直延续到出菇结束。

（1）杀菌剂产生的药害。目前，在生产上使用的主要是一类杀真菌或细菌剂化合物，有3种用途：一是培养基的拌料，用于抑制或杀灭栽培料中杂菌，这类药剂有多菌灵、三乙膦酸铝等；二是熏蒸类杀菌剂，用于空气消毒，这类药剂有甲醛、硫黄、三乙膦酸铝熏剂等；三是接种用具的浸泡擦洗，用于器皿表面的消毒处理，这类药剂有高锰酸钾、酒精、过氧乙酸、煤酚皂液（俗名来苏儿）等。在这三类药剂中，产生药害比较明显的是前两种。在生产上，杀菌剂产生的药害主要表现为过量使用和使用不当，过量使用时使菌丝生长能力减弱，接种后菌丝“吃”料慢，菌丝较细弱，例如在生产上由于使用多菌灵的成本较低，一些菇农害怕杂菌污染，总是不断地加大其用量，结果适得其反，不仅未能有效地杀灭杂菌，反而造成了对菌丝生长的药害，使菌种过早地出现退化和老化的症状；使用不当主要表现在，在出菇期用杀菌药剂喷洒在菌种袋的表面，或者是在菇房熏蒸杀菌，结果不仅造成幼菇死亡，而且使大量子实体产生畸形。

(2) 杀虫剂产生的药害。这种药害的发生具有隐蔽性，即在菌丝体生长阶段没有明显的症状或症状较轻，到了出菇后才表现出非常严重的病害症状。例如，非常典型的敌敌畏使用问题，在拌料时或菌丝培养过程中施用敌敌畏后，一般情况下用肉眼来观察，不会发现它对菌丝造成的实质性损害，菌丝生长基本表现正常，菌丝发满进入出菇阶段后，病害的症状逐步显现出来，首先是出菇期长时间的延迟，在既没有污染，各种环境条件又都没有问题的情况下，迟迟不出菇，且产量非常低，基本上是绝收，因此这种药害是最严重的。

产生药害的杀虫剂除了敌敌畏之外，还有敌百虫等熏蒸剂。

(3) 药致性病害的防治原则。谨慎用药、合理用药是防止出现药致性病害的原则。

谨慎用药就是要在用药前首先分析用药的必要性，是否必须用药，是否还有比用药更好的办法。例如菇蝇，最先发生在腐烂的废料上，清除废料是比用药更好的办法，只要及时地把废料清理出去，药致性病害在菇房温度不超过20℃时不会大量发生，因此一般不需要用药。但是，在生产上由于各种病虫害的发生具有不确定性，尤其在出现一些从未见过的病虫害时，为了避免大面积发生造成损失，也要谨慎选购药品，首先保证它对人体是安全的，再通过试用证明它是有效的，然后才可大面积使用。

合理用药就是要根据实际情况来选择用药时间、用药量及用药次数。在出菇期间用药时，一定要在采收完后再施药，并在施药后适当降低菇房的湿度，以利于对病虫害的杀灭。用药量一般应根据使用说明来配制，随配随用，不要放置太长时间，以免使药效降低或发生其他意外事件。用药次数要尽量地减少，只要能把病虫害控制在一定数量，对双孢蘑菇不构成造成较大的损失，用药的次数越少越好。

总之，药致性病害的发生与侵染性病害的防治是一对矛盾的2个方面，但其目的应是一致的，在防治一种病害时要防止产生新的病害，在消除一种病害时要避免发生更大的病害。

83. 出菇过程中有哪些虫害，怎样防治？

在出菇过程中发生的虫害主要是菇蝇等，防治害虫的原则及方法如下。

（1）防治原则。在虫害防治中最根本的一条原则就是尽量不用或少用化学农药，杜绝使用剧毒或高残留化学农药。因为，就化学农药本身而言，它能够控制或杀死病虫必须具有一定的毒性，根据农药毒性大小分为剧毒、高毒、中低毒、低毒4级。但是，从食品安全性的角度来看，毒性低并不说明它的慢性毒性小或者其他毒性小，例如某些低毒农药在抑制免疫、阻碍神经发育、致癌性等方面存在着慢性累积毒性。广义的安全性还包括了对后代的影响，如生殖毒性。农药残留是化学性的，不像食品上的病原微生物，可以通过加热烹调等方法杀灭。此外，再从保护生态环境的生物多样性来看，农药毒性低并不说明它对非目标生物种群的毒性小，一些物种的灭绝可能就是在所谓毒性小的农药累积作用下消失了。近年来，随着世界各国对食品安全和生态环境的日益重视，以及对农药毒性认识的逐渐加深，对农药的使用限制将会越来越严格。目前，美国和欧盟等国家和组织为了保护国民健康，颁布了一系列农药残留的新标准，并采用了一些先进的人群膳食暴露风险评价方法，随着分析化学的进步，已可以检测出农药微克甚至纳克级的残留量。因此，要求食用菌生产者掌握好农药使用的原则。

（2）虫害“防”的方法。在双孢蘑菇生长发育的各个阶段，均可能受到虫害的侵害。在人工栽培条件下，双孢蘑菇菌丝体和子实体均富含高营养，虫害一旦发生后，传播蔓延速度会很快，治疗效果一般不是很理想，如果治疗不当还易造成农药的残留污染。因此，在虫害防治中，必须坚持“防”大于“治”的原则，通过采取各种“防”的措施减少虫害发生，有效降低“治”的成本，从生产实践来看，只要“防”的措施设计合理、技术到位，虫害是可以避免的。具体实施措施有以下几种方法。

①选择安排适宜的生产季节。要根据气候变化的特点和自身栽培条件，选择安排适宜的生产季节，双孢蘑菇属于中温性菌类，在我国大部分地方，一般顺季栽培适宜在春、秋季进行，若计划反季节栽培时，要选择适宜的出菇时期，并且栽培设施要具有温度调节的功能，特别是降温设施，防止高温下虫害的大量发生。

②重视生产环境治理，控制虫害源头。保持生产环境的整洁卫生是双孢蘑菇栽培的一个必要条件，可以有效地铲除虫害的藏匿，尤其是在多年生产的场地环境，应定期或不定期地进行环境的清理，对发生的虫害要及时处理，防止虫害扩大蔓延。加强菇房防范措施，安装防虫网等，阻断虫源进入菇房，工作人员进入室内要换工作服和鞋，防止把害虫带入。菇房里安装荧光灯利用害虫的趋光性等方法诱杀害虫。

③严格规范生产操作程序。在生产过程中，每一个阶段都要严格按照规范的生产程序进行操作，不能怕麻烦，不要图省事。

（3）虫害“治”的方法。

①生物防治。利用生物农药防治双孢蘑菇虫害是“治”的一项重要措施。生物农药的最大优点是产品中没有残毒，对人体无毒害，无副作用，不污染环境，因而具有广阔的应用前景。生物农药是一类利用生物的代谢产物或病虫害的天敌而生产的杀菌杀虫剂，例如抗霉菌素120、武夷菌素、多菌灵、阿维菌素、苏云金杆菌等。这些制剂在农业生产上应用较早，近年来也逐渐在食用菌生产中得到应用。但是，目前在生物农药方面的应用不是很完善，存在的主要问题是生物农药制剂中的有效成分不够稳定，并且在强光的照射下易产生分解，需要在运输、贮存及施用中采取避光措施，可在阴天或晚上施用。此外，与化学农药相比，生物农药在杀灭虫害的效果上也比较慢，且药效作用时间段短。

②物理防治。物理防治是借助自然因素或采用物理机械的作用杀死或隔离虫害的方法，主要有以下几种。

干燥法：主要用来对原材料的干燥处理，在配制培养基前通过将原材料置于日光下的暴晒，可使藏匿于材料中的部分虫卵脱水干燥而死。

水浸法：在配制培养基前通过将原材料置于石灰水中的浸泡，不仅可有效地防治杂菌，而且可使害虫在水中缺氧而死。

冷冻法：主要是在冬季栽培中初发虫害或发生较轻时，通过突然降温来抑制虫害的快速蔓延，因为害虫都喜欢较高的温度，在低温下生长很慢，甚至死亡，尤其对成虫的冻杀作用很好。但是，该法应在出菇前或采菇后进行，否则会造成子实体的冻害而死亡，特别是幼小的菇蕾。

避光法：通过在黑暗下的避光措施，可避免一些害虫的趋光性飞入。

隔离法：通过在门窗上和通气口安装纱窗来阻止害虫的飞入，由于害虫的躯体都较小，要求安装的纱窗眼不能太大，一般以60目的纱网为宜。

③利用害虫的习性防治。害虫的种类繁多，而不同的害虫又具有不同的习性，如趋味性、趋光性等，可以利用害虫的这些习性来达到捕捉或杀死害虫的目的。

香味诱杀：螨虫类对炒熟的菜籽饼或棉籽饼香味有趋味性，因此可将炒熟的菜籽饼或棉籽饼撒到纱布上，诱集螨虫达到一定数量时，再把纱布放到开水中或浓石灰水中浸泡杀死螨虫。

糖醋味诱杀：蝇虫类和螨虫类害虫对糖醋味有趋味性，因此可在盆内放入糖醋液，诱使害虫落在盆内的液体中淹死。

蜜香味诱杀：在0.1%鱼藤酮的1∶（150～200）倍药液中加入少许蜂蜜，可诱杀跳虫。

趋光性诱杀：蝇蚊等害虫具有趋光性，在菇房内挂一只黑光灯或日光节能灯，在灯光下放一个诱杀盆，害虫扑灯落入盆中即被杀死。还可在光照处挂粘虫板，板上涂抹40%的聚丙烯黏胶，害虫一旦落在上边即会被粘住不能飞走，粘住一定数量时再拿出室外处理。

喜湿性诱杀：跳虫等害虫喜欢在潮湿的环境中活动，在菇房边角处做一水槽或水沟，可诱使跳虫进入后再杀死。

④化学防治。在不得已要使用化学农药时，可以使用高效、低毒、低残留的药剂，但禁止在出菇期菇体上喷药。

84. 菇体长到多大就可以采收了？

菇体的成熟度与耐贮性密切相关，采摘时以菇体七八成熟为宜，在菌盖边缘稍内卷、菌盖与菌柄未分离、部分膜片脱落时采收最好。采收太早，菇体幼嫩黏液物质多，且不利于高产。在夏季高温季节，菇房温度高，菇体生长发育很快，一定要及时采摘，每天分早、中、晚采摘3次，如果采收太晚，菇体极易开伞变黑，严重影响品质。

85. 采摘前应做好哪些准备工作？

采摘前不要向菇体喷水，否则菇体的含水量太大，不利于保藏。采摘前把采菇工具、塑料筐等清洗消毒，准备好。采摘人员注意个人卫生，不留长指甲。

86. 采摘时应该怎样操作？

适时采收，不留大菇。采摘时，手拿住菇体，略向下压再轻轻旋转采下，不可直接拔起，避免带动周围小菇，造成死菇。采摘丛生菇时，要用小刀分别切下，要求边采菇、边切柄、边分装，切口要平整，不能带有泥根，切柄后的双孢蘑菇应随手放在洁净的塑料筐中。

87. 鲜菇等级标准如何分级？

鲜菇按照色泽、气味、形态、大小等标准分为一级品、二级品、三级品或等外品 3 个等级。

一级品：色泽白色；气味具有鲜菇固有气味，无异味；形态整只带柄、形态完整，表面光滑无凹陷，呈圆形或近似圆形；菌盖直径 20～40 毫米，菇柄切削平整，长度不大于 6 毫米；整体要求无薄菇、无开伞、无鳞片、无空心、无泥根、无斑点、无病虫害、无机械伤、无污染、无杂质、无变色菇；不允许有蛆、螨存在。

二级品：色泽白色；气味具有鲜菇固有气味，无异味；形态整只带柄、形态完整，表面无凹陷，呈圆形或近似圆形；菌盖直径40～50毫米，菇柄切削平整，长度不大于8毫米；菌褶不变红、不发黑，畸形菇不多于10%，无开伞、无脱柄、无烂柄、无泥根、无斑点、无污染、无杂质、无变色菇，允许有小空心，轻度机械伤；不允许有蛆、螨存在。

三级品或等外品：色泽白色；气味具有鲜菇固有气味，无异味；形态整只带柄或无柄、菌盖完整，呈圆形或近似圆形；菌盖大小直径不均等，菇柄切削平整，长度不均等；菌褶稍变红、不发黑，畸形菇不多于3%，开伞菇不多于3%，脱柄菇不多于3%，斑点菇不多于3%，无泥根、无污染、无杂质、无变色菇，允许有轻度机械伤；不允许有蛆、螨存在。

88. 双孢蘑菇采后为什么必须进行低温保鲜?

双孢蘑菇子实体在生长期间，新鲜度是靠其合成代谢与分解代谢的偶联进行来维持的，合成代谢即同化作用为分解代谢提供物质基础，分解代谢即异化作用又为合成代谢提供原料和能量，两者同时交错地进行，从而保证了子实体的正常生长和菇体的新鲜。当鲜菇采摘后，菇体不能再从栽培料中吸取养分和水分，合成代谢也便停止，但是菇体内的分解代谢却并未停止，仍在通过呼吸作用进行着一系列复杂的氧化还原过程。在这一过程中，菇体不断吸收外界的氧气，同时又不断地排出二氧化碳，并散失大量的水分，致使菇体的新鲜度不断下降。呼吸作用越强，氧化还原过程越快，菇体的新鲜度就越差。

根据双孢蘑菇采收后生理生化的变化特点，通过在低温环境条件下（0～4℃）抑制菇体内新陈代谢的活动和致腐微生物繁殖，采用物理而非化学的保鲜方法，使菇体的生命活动处于下限状态，抑制其后熟进程，降低呼吸代谢强度，防治微生物侵害，可在一定时间内保持鲜菇的新鲜度、色泽和风味。温度对菇体的影响表现在，在一定的温度范围内，温度越高，呼吸作用越强，菇体内消耗的养分越多，同时菇体内会产生褐变等一系列的生化反应，各种微生物的活动增加等，就越不利于菇体的贮存，保鲜期短。当温度降低时，呼吸作用将逐渐减弱，养分的消耗较少，微生物的活动与侵染概率减小，保鲜的质量效果好，保鲜期也可延长。

总之，双孢蘑菇是具有高营养的物质，组织结构较疏松，含水量高达 85%～90%，且菇体表层薄，极易碰伤被病菌感染，因此双孢蘑菇采后必须进行低温保鲜，否则将开伞变质。

89. 如何设计建造双孢蘑菇保鲜冷藏库？

保鲜冷藏库是双孢蘑菇采后保鲜的必备配套设施。冷藏库建造简单、投资也不大，建造一个 30 米^3 的小型冷库只需要 2 万多元，一般农户生产规模不大时，可几户联合建造。

冷藏库设计建造要求：冷藏库基础为砖混结构，墙体使用保温彩钢聚氨酯夹心复合板，板厚 150 毫米，库门结构为平移门或开拉式，门洞尺寸为宽 2 米、高 2 米。地面采用在水泥地面上加聚苯乙烯保温板，库体内壁进行聚氨酯喷涂保温施工，库内温度要求 0～4℃，相对湿度 80%～90%。冷库的大小、外形尺寸、机组的安放位置、库门的开启方向、库内的布置等，可根据实际情况来定。

冷藏库制冷机组蒸发器采用吊顶蒸发器，采用微电脑控制系统，从冷藏库外可显示库内温度、相对湿度、报警指示和各项技术参数。

90. 双孢蘑菇低温保藏需要注意哪些问题？

双孢蘑菇在保鲜期间，应保持温度和湿度的相对稳定，不宜多变或骤变，要注意以下几个问题。

(1) 采摘适期。采摘前不要向菇体喷水，否则菇体的含水量太大，不利于保藏。菇体的成熟度与耐贮性密切相关，采摘时以菇体七八成熟为宜，在菌盖边缘稍内卷、部分膜片脱落时采收最好。

(2) 菇体处理。双孢蘑菇采收后，剪去菇脚，清理干净菇体，然后分级包装。

(3) 包装材料。

保鲜袋：是一种可透气塑料膜制成的保鲜袋，优点是具有透气调节的作用，可使袋内氧气和二氧化碳处于平衡状态，抑制鲜菇的呼吸代谢，从而达到最佳的保鲜效果。

塑料膜袋：用普通的低密度聚乙烯制成的塑料膜袋，由于透气性差，易在袋内产生水结，保鲜效果比保鲜袋差，一般在袋上打几个通气眼，可改善袋内的通气状况。

泡沫箱：用聚氨酯塑料泡沫制成，在箱内整齐地摆放装满鲜菇的保鲜袋，然后覆盖保鲜。

(4) 保藏温度。鲜菇装袋后打包成箱，即可根据数量和需要放入冷藏库中进行保藏。保藏温度应控制在0～4℃，相对湿度80%～90%。

(5) 保藏时间。在适宜保藏条件下，保藏时间以3天内为宜，最长时间不超过5天。因为，经过保藏后还要上市，如果保藏时间太长，会造成双孢蘑菇品质下降，影响销售。

91. 双孢蘑菇冷链销售包括哪几个环节？

双孢蘑菇风味独特、营养丰富，备受广大消费者青睐。但新鲜双孢蘑菇含水量较高，新陈代谢旺盛，采后易造成开伞、失重、褐变等劣变现象，严重限制了双孢蘑菇的贮运和销售。因

此，大力加强冷链销售是双孢蘑菇产业的发展方向。

所谓“冷链”包括采后冷库预冷、冷藏车运输、批发市场冷库、零售商场冷柜的整个链条，即在双孢蘑菇采后贮藏、运输、分销和零售直到消费者手中，各个环节始终处于产品所必需的低温环境中，以保证双孢蘑菇品质和安全，减少损耗，防止变质的供应链系统。虽然冷链销售比传统的常温销售的设备和技术要求高、投入大，但是在满足市场需要、保障双孢蘑菇的品质方面作用明显，大力发展双孢蘑菇冷链销售势在必行。

92. 为什么远距离运输必须采用冷藏车？

所谓“远距离运输”一般是指距离在300千米以上的运输。由于距离远，运输时间长，运输过程中由于暴晒和空间有限，会使菇体不断温度上升，因此鲜蘑菇必须采用冷藏车运输，才能保证在运输途中不变质。

冷藏车是装有制冷装置和聚氨酯隔热厢的封闭式厢式运输车，密封性好，可以保证冷藏车柜内保持较低温度，制冷设备与货柜连通并提供制冷，保证温度在4℃左右。冷藏车虽然有制冷保温设备，仍需尽快送到市场销售。

93. 为什么鲜菇的产地销售价格起伏很大？

鲜菇产地销售价格起伏大，主要原因是受市场供求变化的影响，由于鲜菇市场供过于求，产品滞销导致跌价或不能及时卖出，易出现增产不增收的情况。具体来讲，鲜菇的产地销售价格起伏与以下几方面的因素有关。

一是生产旺季，鲜菇大量上市，货源充足，需求相对较少，造成价格下跌。目前，由于我国双孢蘑菇产业主要还是以农户的季节性生产为主要模式，农户依靠自然气候进行栽培生产，虽然各地间的气候条件有一定差异，但是就局部地区来讲，农户间生产出菇上市的时间差异不大，集中上市，加之缺乏冷链销售物流，鲜菇不会销售得太远，往往造成市场的局部过剩。

二是销售旺季，节假日前后是鲜菇的销售旺季，市场需求旺盛，价格稳中上扬。我国传统节日，如春节等，市场对鲜菇的需求大幅增加，而在北方地区冬季又是鲜菇生产的淡季，货源供应不足，供求关系严重背离。

三是生产淡季，鲜菇上市量少，货源缺少，价格上扬。在我国北方，双孢蘑菇的生产淡季时间很长，有2个时段，一是每年的5～8月，二是11月或12月至翌年的3月或4月。而在我国南方地区从每年的3月或4月初至10月底或11月初都是双孢蘑菇生产的淡季，货源供应严重不足。

四是销售淡季，市场需求不足，价格下跌。鲜菇的销售淡季一般在春节后至5月，在有些地区可能要延续到中秋节前。特别是在春节后的一段时间内，鲜菇销售困难，价格下跌快，下跌幅度大，易造成亏损。

94. 双孢蘑菇产品加工方法有几种，有哪些要求？

双孢蘑菇采后极易开伞或变色，一旦开伞或变色商品质量就会明显降低。因此，提高双孢蘑菇的加工能力，保证产品质量，是实现增产又增收的主要途径。

双孢蘑菇保鲜加工技术主要有低温保鲜、气调保鲜等，产品加工技术有盐渍、罐藏等。

保鲜和产品加工均应在环境卫生良好的条件下进行，特别要

注意，在对鲜菇的保鲜中，不得使用甲醛溶液等化学防腐剂处理菇体，由于双孢蘑菇菇体有很强的吸水性，甲醛溶液一旦被菇体吸附后结合于菌肉组织中，不宜再挥发，也不宜冲洗干净，因而对人体将产生极大的毒害作用。在盐渍品加工中，不得使用不符合卫生标准、杂质含量高、含有对人体有害的工业盐或私盐，盐渍或罐藏用水应符合《生活饮用水标准》(GB 5749—2006)。

95. 盐渍双孢蘑菇能保藏多长时间，怎样加工？

盐渍双孢蘑菇是将鲜菇清洗干净后，按菇体重量加入一定比例的盐进行腌制加工的过程。盐渍双孢蘑菇的保质期一般在 6 个月之内，常作为制作罐头的原料，也可批发给大型宾馆、饭店或零售商。由于在盐渍时需加入大量的盐，因此盐渍品中的含盐量很高，在食用炒菜或做汤时，必须在清水中经过多次冲洗，脱去多余的盐分后才能食用。

(1) 盐渍加工的原理。 盐渍是利用盐溶液的高渗透压，使菇体含盐量逐渐与食盐溶液平衡，腐败微生物在盐溶液的高渗透压作用下，细胞内的水分被渗透出来，细胞脱水，原生质收缩，产生质壁分离，迫使菇体内外的微生物因高渗透压处于生理干燥状态，造成生理干旱现象而死亡，从而达到防止腐败微生物滋生和繁殖的目的。双孢蘑菇盐渍产品应无异味。

(2) 盐渍工艺流程。 盐渍工艺流程：菇体去泥土杂质→分级→漂洗→预煮杀青→冷却→定色→盐渍→包装。

①准备工作。在盐渍前，首先要准备好盐渍时需要的用具及盐等。用具主要包括漂洗和盐渍用的水池或水缸，杀青用的不锈钢锅或铝锅，贮存用的塑料桶，以及波美比重计、压板等，把所有用具都清洗干净备用。原料盐要购买正规盐业公司生产的腌制用盐，不可购买工业盐或私盐。工业盐或私盐一是不符合卫生标

准，二是盐中杂质含量高，含有对人体有害的重金属等，绝对不能使用。腌制盐的购买量，应根据盐渍加工鲜菇的重量来决定，一般可按菇重与盐重之比 1∶0.4 来决定腌制盐用量，即 1 千克鲜菇需要 0.4 千克的盐。此外，在盐渍中还需要用食用柠檬酸调整盐溶液的酸度。

②鲜菇分拣。鲜菇采收后，清除掉菇体及菌柄基部的杂质，把菇体按大、中、小分类，分别放在一起，有利于下一步的预煮杀青处理和盐渍，剔除病虫危害的死菇或霉变菇，然后分别对大、中、小菇进行漂洗和杀青。

③漂洗、预煮杀青。清理干净的菇体先放入水池或水缸中漂洗 2 次，洗净菇体上的杂物和尘埃，洗净后捞入不锈钢锅或铝锅中煮沸杀青，不能使用铁锅，否则易使菇体变黑。杀青的作用是在沸腾的开水中杀死菇体细胞，抑制酶的活性，排出菇体内水分，以便盐水能很快进入菇体。锅内水温达到 80℃以上时，加入 0.1%食用柠檬酸，继续加热，水烧开后放入鲜菇，鲜菇放入一次不能太多，一般掌握在水与菇体积之比为 2∶1 较好。水煮沸后，边煮边翻，把菇体上下翻动，捋去泡沫，煮沸时间 5～10 分钟为宜，具体要以煮熟为度，未煮熟的菇体易在盐渍过程中发生腐败，煮熟标准是掰开菇体菌肉色泽一致，无硬芯，即可捞出。一锅盐水可连续煮 4～5 次，但每次使用后应适量补充盐水。双孢蘑菇煮熟后及时捞出放入冷水中进行冷却 20～30 分钟，或用 3～4 个缸连续轮流冷却，直至菇体完全冷透为止，不能留有余温，然后捞出放在筛网上，空去多余的水分，准备进行腌制。

④配制饱和盐水。缸内倒入水，按水与盐重量 4∶1 比例放入盐，边加盐边搅拌，直到盐不能溶解时为止，用波美比重计测其浓度为 23 波美度左右，取上清液用 3 层纱布进行倒缸过滤，使盐水清澈透明，即为配制好的饱和盐水，然后再加入食用柠檬酸，调整饱和盐水的 pH 至 3～3.5，盖上盖备用。

⑤盐渍。先把经过杀青后控去水分的菇体放入缸内，然后加

入饱和盐水将菇体浸泡，再放上压板，压板上放置干净的石块或其他重物，将菇体全部浸入盐水中，菇体不能露出水面以防变质，最后把盖虚盖上，防止落入灰尘和蝇虫。12 小时后测定缸内的盐水比重，若下降至 150 波美度，须倒缸，把菇体捞出放入另一个缸中，或把缸内的盐水倒出，重新加入 230 波美度的饱和盐水，继续按前述的方法进行盐渍，直至缸内的盐水浓度稳定在 20 波美度以上为止。

⑥装桶。盐渍过程一般需要 20 天以上，盐渍好的菇体舒展饱满、富有弹性。盐渍结束后，将菇体捞出沥去盐水，放入专用的塑料桶内，每桶净重定量为 50 千克，再加入灌满 pH 为 3～3.5 的饱和盐水，最后在液面上撒一层盐，即可加盖保存或外销。如果盐渍好的菇体不能及时装桶，应在最后一次倒缸调整盐水浓度后，用压板压好，使菇体全部浸没在盐水中，并加盖盖严实。

96. 双孢蘑菇罐藏加工需要哪些设备条件？

(1) 清洗设备。

洗涤槽：洗涤槽为长方形，大小按加工量多少而定，材质为不锈钢或铝合金材料。洗涤槽上方安装冷、热水管喷头，喷水洗涤双孢蘑菇，要有溢水管和排水管，防止漫水和排出废水。

压气式洗涤机：在洗涤槽内不同位置分布许多压缩空气喷嘴，通过气泵打入空气后，使水不断地翻动来清洗双孢蘑菇。

(2) 分级设备。

分级板：在长方形板上开不同孔径的圆孔，在生产规模不大时可用简单的圆孔分级板、蘑菇大小分级尺等进行手工分级。

分级机：常用的为滚筒式分级机，双孢蘑菇在滚筒内随着滚转和移动过程中进行分级。分级机由分级滚筒、支撑装置、传动装置、收集料斗4部分组成。

(3) 保鲜设备。

冷藏车：主要用于双孢蘑菇远距离运输保鲜。

冷库：主要用于双孢蘑菇的大容量贮存，有效容积可容纳几吨至数百吨双孢蘑菇，是双孢蘑菇加工贮存原料和产品的主要设施。

(4) 切片机。

手工切片机：手工操作，设备简单，价格低。

机械切片机：切片机上有几十把圆形刀，圆形刀由主轴驱动转动，将双孢蘑菇进行切片。通过调整圆形刀的间距，可以切割出不同厚度的蘑菇片。机械切片机由支架、出料斗、卸料轴座、圆盘切刀组、定位板和进料斗等6部分组成。

(5) 预煮设备。

夹层锅：用于双孢蘑菇的烫漂，有固定式夹层锅和可倾式夹层锅2种。固定式夹层锅由锅体、冷凝水排出阀、排料阀、进气管和锅盖组成；可倾式夹层锅由锅体、填料盒、冷凝水排出管、进气管、压力表、倾覆装置和排料阀等组成。

预煮机：用于双孢蘑菇的预煮，有螺旋式连续预煮机和链带式连续预煮机2种。螺旋式连续预煮机由壳体、筛筒、螺旋、盖和卸料装置等组成，优点是结构紧凑，占地面积小，运行平稳，进料、预煮温度和时间及用水等操作自动控制。链带式连续预煮机由钢槽、刮板、蒸汽吹泡管、链带和传动装置等组成，优点是原料经预煮后机械损伤少，缺点是不易清洗，维修不便。

(6) 杀菌设备。根据杀菌温度的不同，可分为常压杀菌设备和高压杀菌设备。常压杀菌设备的杀菌温度为100℃以下，用于pH小于4.5的酸性产品杀菌。高压杀菌设备一般在密闭的设备内进行，压力大于0.1兆帕，杀菌温度在120℃左右。

立式杀菌锅：适用于小型罐头厂，在品种多、批量小时非常实用，不适用连续化生产线。

卧式杀菌锅：适用于中型罐头厂，容量比立式杀菌锅大。

超高温瞬时灭菌机：适用于大型罐头厂，采用一组蛇管式和套管式串联作业，杀菌温度可达115～135℃，优点是杀菌温度高、时间短，对营养物质的破坏损失小。

（7）装罐与包装设备。

高压蒸煮袋包装机：用于罐装高压聚丙烯蒸煮袋及封口包装。

台式真空包装机：用于高压聚丙烯蒸煮袋的抽真空及封口包装。

97. 怎样加工双孢蘑菇软罐头？

双孢蘑菇软罐头采用塑料复合膜袋，品种有整菇、纽扣菇、片状菇和碎菇等，加工工艺流程：鲜菇去杂、去泥土→漂洗护色→脱硫→预煮漂烫→冷却→修整分级→装罐注汁→排气密封→杀菌→冷却→质量检验→装箱贮存。按照《蘑菇罐头》（GB/T 14151—2006）标准要求，工艺技术要点如下。

（1）漂洗护色。鲜菇去杂、去泥土，先放入0.03%硫代硫酸钠溶液中，洗去泥沙和杂质，捞出后再放入0.06%硫代硫酸钠溶液的蘑菇专用桶中浸泡护色。

（2）脱硫漂洗。将菇体从护色液中捞出，用清水漂洗50分钟除去残留的护色液，一定要进行脱硫处理，否则对人体有害，二氧化硫残留量不得超过0.002%。为保证漂洗效果，漂洗液需注意更换，视溶液的浑浊程度，使用1～2小时更换一次。漂洗池的大小按需要而定，在池内靠底部装上可活动的金属滤水板，清洗去的泥沙能随时沉入滤水板下部，使上部水比较清洁。

（3）漂烫杀青。用夹层锅漂烫，先将水加热至80℃，再加入2.5%沸盐水和0.1%柠檬酸，加热至沸，放入菇体漂烫，时间8～10分钟为宜，菇体熟透后捞出用清水迅速冷却，漂烫有进一步清洗脱硫的作用。

(4) 修整分级。按产品质量要求严格进行挑选分级和修整，直径1.5厘米左右为一级菇；直径2.5厘米左右为二级菇；直径3.5厘米左右为三级菇；直径在4.5厘米以下的用于加工片菇，直径超过4.5厘米以上的大菇、脱柄菇等可加工碎菇。修整时将不合格的开伞菇、无柄菇、无盖菇、残次菇、斑点菇捡出，菌褶变黑的双孢蘑菇也不能做装罐用。

(5) 装袋注汁。修整分级后再洗涤一次，双孢蘑菇即可分装，分装时应注意几个事项。第一，净重与固形物重量必须符合标准。净重包括罐内双孢蘑菇的固形物重量和汤汁量，净重误差不得超过3%，每批平均不能低于标准净重。第二，按不同的等级分别分装，不同等级不能混装。第三，向袋内注汤汁时预留顶隙2厘米。

(6) 排气封口。

①排气。装罐注液后，在封口之前要进行排气。即通过排出袋内空气，保持袋内一定的真空度，可以抑制罐内残存好氧微生物的生长，避免菇体氧化变质、变色，保持营养成分不被破坏，延长贮藏时间。

②封口。根据包装材料的不同，用于软罐头密封的密封方法有高频密封法、脉冲密封法。高频密封法适用于复合薄膜袋软罐头。脉冲密封法操作方便，适用于各种薄膜的密合，结合强度大，密封强度优于高频密封法。

(7) 杀菌冷却。采用高温高压短时杀菌，在121℃的高温高压条件下，根据装袋后双孢蘑菇容量体积、净重大小的不同，杀菌的时间也不同，容量体积越大、净重越重，需要的杀菌时间相应延长。一般净重200克的双孢蘑菇杀菌时间为20分钟。杀菌后采用反压冷却，冷却至35℃左右。

(8) 检验入库。经检验合格的成品应贮存于成品库，要设置

与生产能力相适应的成品库。成品要求在低温、避光、干燥、洁净处贮存，成品库要设有温度、湿度检测装置和防鼠、防虫等设施，定期进行检查和记录。

成品贮藏时，不同批次的成品应分开存放，不要混在一起，应对入库时间、数量、存放位置等进行登记，并在包装箱上贴上醒目的标记。出库时间、数量及成品去向也应逐一登记，以便检查核对。不允许将成品与其他有毒、有害、有异味、易污染的化学物质贮藏在同一成品库，防止发生意外。同时，严禁在成品库内使用剧毒杀虫剂、防鼠剂、防霉剂等防治病虫或鼠害。

98. 双孢蘑菇生产效益怎样，要防范哪些风险？

从事双孢蘑菇产业的效益怎样，尤其是在贫困地区实施产业化精准脱贫的生产企业能否获得收益，农户究竟能不能挣钱，是各级政府、生产企业及每个农户生产者最关注的问题。一般来讲，双孢蘑菇的生产效益主要取决于市场价格、生产成本、产品质量 3 个方面。生产企业和农户获得的效益也可能不尽相同，根据对一些经营较好的小型双孢蘑菇生产企业和农户的调查，企业的利润率在 10%～20%，农户则每售出 1 000 千克鲜菇能获得 2 000元的纯利。

在双孢蘑菇市场不出现大幅波动的情况下，企业生产双孢蘑菇的效益大小主要取决于生产成本和营销成本。生产成本包括外购原材料费、水费、电费、燃料动力费、人员工资和福利费、折旧费、摊销费、修理费用、财务费用、其他费用等。企业生产双孢蘑菇不用交税，因为双孢蘑菇生产属于农业种植项目，根据国家政策已取消农业税和农业特产税。根据《中华人民共和国增值税暂行条例》第十六条的规定，农业生产者销售的自产农业产品免征增值税。根据《中华人民共和国企业所得税法实施条例》第八十六条规定，种植类免征企业所得税。

以一个年产300吨鲜菇，固定资产300万元的合作企业为例，概算效益如下。

(1) 生产成本。

①原材料与辅助材料费。每生产1吨鲜菇需要投入发酵好的栽培料4吨，每吨发酵料750元，即每生产1吨鲜菇需要投入原材料与辅助材料费3 000元，年生产300吨鲜菇，合计需要原材料与辅助材料费90万元。

②菌种费用。每生产1吨鲜菇概算需要200元，合计估算为6万元。

③水、电、燃料动力费。每生产1吨鲜菇概算需要500元，合计估算为15万元。

④人员工资及工资附加费。需要员工20人，根据一般工资水平，按每人每年15 000元的工资计算，福利费按14%提取，则全年人员工资及福利费为34.2万元。

⑤固定资产折旧与摊销费。固定资产300万元，折旧按平均年限法折旧，折旧年限为15年，年折旧费19万元。

⑥年修理费用。按固定资产原值的1%计为3万元。

⑦其他费用。主要包括包装、运输等管理费用和销售费用，按总成本费用的8%计为8.2万元。

以上合计生产成本总费用为175.4万元。

(2) 经营收入。年生产鲜蘑菇300吨，每吨按产地平均售价7 000元计，年经营收入210万元。

(3) 效益分析。正常生产能力时，年销售收入210万元，生产成本175.4万元，利润总额34.6万元，所得税为零，净利润34.6万元。

$$投资利润率=\frac{年利润总额}{生产总成本}\times 100\%=19.7\%$$

通过上述各指标分析，双孢蘑菇生产能获得一定收益是毋庸

置疑的，但也要冷静思考，不可盲目跟风，要及时规避市场可能出现的风险。总的来讲，可能出现的市场风险与大多数农产品一样，主要是价格和质量2类风险，特别要防止一哄而起的“突破性发展”造成的产品价格下跌。价格波动是不可避免的，但产品质量必须保持其稳定性，不能时好时坏，这也是双孢蘑菇生产中存在的一个主要问题，主要对策应采取以下几项措施。

一是建立符合市场需要的新技术应用体系，应围绕双孢蘑菇优良品种引进、病虫害防治、产品保鲜、加工、贮运等方面进行技术组装配套，及时将技术应用转化为生产力，不断提高双孢蘑菇栽培技术水平，推进规范化栽培和标准化生产。

二是发展双孢蘑菇生产要因地制宜，一定要选择适销对路的品种。在菌株选择中，要根据当地资源、气候等条件，搞好双孢蘑菇新菌株的适应性试验示范，因地制宜地发展具有区域特色的品种，特别是要注意发展适销对路的优新品种。

三是强化竞争意识，提高产品质量。双孢蘑菇制菌从培养料开始，到播种、发菌、出菇管理、采菇，以及加工、包装、贮运、销售的全过程，都要严格遵循无公害食品的标准进行操作，要开发出有竞争优势的高质量产品，实现双孢蘑菇绿色产品的目标。

四是生产中要注意培养料配方一定要合理。品种不同，培养料配方不一样，不同的菌株配方和管理也有一定差异，主要体现在栽培模式和栽培季节上，一定要搞好适应性试验，才能保持产品品质的稳定性。

99. 贫困地区如何组织进行双孢蘑菇生产？

双孢蘑菇生产是贫困地区大力发展特色农业的内容之一，实践证明，通过发展双孢蘑菇产业对于加快农业增效、农民增收和村镇面貌的改善，促进农村经济的全面发展具有重要的作用。但是，贫困地区在组织进行双孢蘑菇生产过程中，一定要因地制宜，按照“政府引导、市场运作、资金扶持、示范带动、稳步推进、富裕农民”的产业发展思路，以技术为先导，以企业为主体，以规模化、标准化、产业化为手段，坚持以下几项基本原则。

一是坚持政府引导、市场运作的原则。加强政府在双孢蘑菇产业链发展规划、产业扶持政策制定、投资环境优化等方面的作用，吸引社会资金投资双孢蘑菇的产业发展。

二是坚持合理布局、有序发展的原则。根据贫困地区的环境区位、自然资源等优势，突出地域特色，因地制宜，制定科学、合理、有效的产业链发展规划，避免盲目发展、无序生产。

三是坚持市场导向、追求效益的原则。以适应市场需求为出发点，不好高骛远，不劳民伤财，通过成本核算、节约管理，追求效益最大化。

四是坚持科技创新、体制创新的原则。充分发挥科技在产业发展中的作用，引进先进栽培、加工技术，提升产业水平，改革经营体制，发展龙头企业、合作社、家庭农场等多种形式的经济实体，促进产业健康发展。

在组织实施措施上，要按照优质、高效、特色、品牌的产业目标，重点抓好基础设施建设与设备配套、技术培训与产前、产中、产后服务及产品保鲜、加工与流通销售等全产业链各个环节的衔接，具体做好以下几方面的工作。

（1）加强和完善产业链体系建设。菌种繁育制种和栽培料发酵是产业发展的基础，加工保鲜与冷链销售是产业发展的龙头。要紧密依靠科研院所，在行业专家的指导下，建立起较为完善的三级菌种繁育与栽培料堆制发酵以及加工保鲜与市场流通销售体系。通过与农林院校、科研院所的技术合作，聘请行业专家做好产前、产中、产后的全过程服务，培养一大批“乡土”技术人才

和“贩菇”能手。

（2）整合和提高扶贫资金的使用效率。要协调整合各类扶贫开发资金，围绕双孢蘑菇产业链的需求，集中向双孢蘑菇产业发展倾斜，改造和完善生产基地的道路、电力、水利等基础设施，为产业发展提供良好的基础条件。

（3）建立和健全长效扶持机制。在各类扶贫资金先期投入的基础上，设立产业发展风险基金，探索建立扶贫资金周转使用和滚动发展的长效机制。通过政府与金融部门的协调，为农户扩大生产规模提供一定的信贷支持。鼓励和吸引社会资本参与双孢蘑菇的产品加工与市场开发，彻底解决菇农“卖菇难”的后顾之忧。

100. 贫困户怎样参与进行双孢蘑菇生产？

贫困户参与双孢蘑菇的生产，首先要根据自身条件和可利用的设施确定参与程度和生产规模。大部分贫困户由于收入水平低、经济基础薄弱、家庭资金积累少，可充分利用废弃的旧厂房、民宅、窑洞、塑料大棚、日光温室等，通过稍加改造即可成为双孢蘑菇的出菇房（棚）。如果是新建出菇房（棚）时，可充分利用山坡地、河滩地等空闲地，不占用自家的农田或不用租地，一方面节约了土地，另一方面节省了资金。双孢蘑菇的栽培技术比较简单，一般经过实地培训后就可进行生产，贫困户家中的青壮年大部分都外出务工了，那么留守在家的妇女、老人也可进行双孢蘑菇生产。

双孢蘑菇生产周期短，从播种到出菇一般需要40天左右，第一潮菇采摘后，每隔10天左右出一潮菇，整个生产期采菇3～4潮菇，每平方米产菇12.5～15千克，每千克鲜菇可获得纯收益2元以上。如果按一户栽培双孢蘑菇500米^{2}的规模，建菇房

（棚）包括搭床架的投入在5万元左右，双孢蘑菇年产出收入为4 375～5 250元，基本可实现当年建菇房（棚），当年生产，当年收回投资。

目前，我国的双孢蘑菇出菇房在大部分地区建造都很简易，虽然建造成不高，但是在贫困地区对于大部分农户来讲，建造菇房（棚）的资金也是一笔不小的投入，相对于贫困户来讲成本仍较高，有的贫困户甚至日常生活开支都很困难，自主发展存在着资金上的制约。因此，对于这部分贫困户可以根据自身条件或特长，积极参与双孢蘑菇产业链的其他环节，如到双孢蘑菇生产企业务工，通过在企业的技术培训学习，掌握双孢蘑菇生产的各项技术，不断积累经验，提升生产技能，为今后的自主生产创造条件。

附　　录

附录1　双孢蘑菇菌种

(GB 19171—2003)

1　范围

本标准规定了双孢蘑菇（*Agaricus bisporus*）菌种的质量要求、试验方法、检验规则及标签、标志、包装、贮运等。

本标准适用于双孢蘑菇（*Agaricus bisporus*）菌种的生产、经销和使用。

2　引用标准

下列文件中的条款通过本标准的引用而成为本标准的条款，凡是注日期的引用文件，其后所有的修改单（不包括勘误的内容）或修订版均不适于本标准，然而，鼓励根据本标准达成协议的各方研究是否使用这些文件的最新版本。凡是不注日期的引用文件，其最新版本适用于本标准。

GB/T 191　包装储运图示标志（GB/T 191—2000，eqv ISO 780：1997）

GB 4789.28　食品卫生微生物学检验　染色法、培养基和试剂

GB/T 12728—1991　食用菌术语

GB 19172—2003　平菇菌种

NY/T 528—2002　食用菌菌种生产技术规程

3 术语和定义

下列术语和定义适用于本标准。

3.1 母种 stock culture

经各种方法选育得到的具有结实性的菌丝体纯培养物及其继代培养物，以玻璃试管为培养容器和使用单位，也称一级种、试管种。

[NY/T 528—2002，定义 3.3]

3.2 原种 pre-culture spawn

由母种移植、扩大培养而成的菌丝体纯培养物。常以玻璃菌种瓶或塑料菌种瓶或 15cm×28cm 聚丙烯塑料袋为容器。

[NY/T 528—2002，定义 3.4]

3.3 栽培种 spawn

由原种移植、扩大培养而成的菌丝体纯培养物。常以玻璃瓶或塑料袋为容器。栽培种只能用于栽培，不可再次扩大繁殖菌种。

[NY/T 528—2002，定义 3.5]

3.4 拮抗现象 antagonism

具有不同遗传基因的菌落间产生不生长区带或形成不同形式线形边缘的现象。

[GB 19172—2003，定义 3.4]

3.5 角变 sector

因菌丝体局部变异或感染病毒而导致菌丝变细、生长缓慢、菌丝体表面特征成角状异常的现象。

[GB 19172—2003，定义 3.5]

3.6 高温抑制线 high temperatured line

食用菌菌种在生长过程中受高温的不良影响，培养物出现的圈状发黄、发暗或菌丝变稀弱的现象。

[GB 19172—2003，定义 3.6]

3.7 同工酶 isoenzyme

催化相同生化反应，而结构及理化性质不同的酶分子。通过凝胶电泳使同工酶分离成迁移率不同的区带，经生物化学染色后显示出的同工酶谱，可对生物品种进行酶分子水平的鉴别或鉴定。

3.8 生物学效率 biological efficiency

单位数量培养料的干物质与所培养出的子实体或菌丝体干重之间的比率。

[GB/T 12728—1991，定义 2.1.20]

3.9 种性 characters of variety

食用菌的品种特性是鉴别食用菌菌种或品种优劣的重要标准之一。一般包括对温度、湿度、酸碱度、光线和氧气的要求、抗逆性、丰产性、出菇迟早、出菇潮数、栽培周期、商品质量及栽培习性等农艺性状。

[NY/T 528—2002，定义 3.8]

4 质量要求

4.1 母种

4.1.1 容器规格应符合 NY/T 528—2002 中 4.7.1.1 规定。

4.1.2 感官要求应符合表 1 规定。

表 1 母种感官要求

项 目	要 求
容器	完整、无损
棉塞或无棉塑料盖	干燥洁净、松紧适度，满足透气和滤菌要求
培养基灌入量	为试管总容积的四分之一至五分之一
培养基斜面长度	顶端距棉塞 40mm～50mm
接种量（接种块大小）	（3～5）mm×（3～5）mm

（续）

项　目		要　求
菌种外观	菌丝生长量	长满斜面
	菌丝体特征	洁白或米白、浓密、羽毛状或叶脉状
	菌丝体表面	均匀、平整、无角变
	菌丝分泌物	无
	菌落边缘	整齐
	杂菌菌落	无
斜面背面外观		培养基不干缩，颜色均匀、无暗斑、无色素
气味		有双孢蘑菇菌种特有的香味，无酸、臭、霉等异味

4.1.3　微生物学要求应符合表2规定。

表2　母种微生物学要求

项目	要求
菌丝	粗壮
杂菌	无

4.1.4　菌丝生长速度：在PDA培养基上，在适温（24℃±1℃）下，15天～20天长满斜面。

4.1.5　母种遗传和栽培性状：供种单位需对所供母种进行酯酶（Est）同工酶类型鉴定，确认其遗传类型与对照相同后，需再经出菇试验确证农艺性状和商品性状等种性合格后，方可用于扩大繁殖或出售。

4.1.5.1　菌丝体Est同工酶的板状聚丙烯酰胺凝胶电泳类型：包括G型（呈现e1、e3特征带）、H型（呈现e2、e4和e30～e33特征带）、HG1～HG2型（呈现e1、e3、e30～e33特征带）和HG4型（呈现e1、e2、e3、e4和e30～e33特征带）等。以Est区带向正极泳动距离与溴酚蓝指示剂向正极泳动距离的比值作为电泳相对迁移率（R_m）。e1、e2、e3、e4、e30、e31、e32

和 e33 的 R_m 值分别为 0.820、0.810、0.760、0.750、0.128、0.100、0.070 和 0.010。

4.1.5.2 菌丝萌发、定植与生长能力：接种到适合的培养基后，在正常条件下 24h 内萌发，定植迅速、菌丝健壮。

4.1.5.3 结菇转潮能力：覆土后 12 天～16 天结菇，分布均匀；18 天～22 天采菇，每潮菇间隔 7 天～10 天。

4.1.5.4 生物学效率：在正常条件下生物学效率不低于 3%。

4.2 原种

4.2.1 容器规格应符合 NY/T 528—2002 中 4.7.1.2 规定。

4.2.2 感官要求应符合表 3 规定。

表 3 原种感官要求

项目		要求
容器		完整、无损
棉塞或无棉塑料盖		干燥、洁净、松紧适度，能满足透气和滤菌要求
培养基上表面距瓶口的距离		50mm±5mm
接种量（每支母种接原种数、接种物大小）		（4～6）瓶（袋），≥12mm×15mm
菌种外观	菌丝生长量	长满容器
	菌丝体特征	洁白浓密、生长旺健
	表面菌丝体	生长均匀，无角变，无高温抑制线
	培养基及菌丝体	紧贴瓶（袋）壁，无干缩
	菌丝分泌物	无
	杂菌菌落	无
	拮抗现象	无
气味		有双孢蘑菇菌种特有的香味，无酸、臭、霉等异味

4.2.3 微生物学指标应符合表 2 规定。

4.2.4 菌丝生长速度：在适宜培养基上，在适温（24℃±1℃）下菌丝长满容器不超过 45 天。

4.3 栽培种

4.3.1 容器规格：应符合NY/T 528—2002中4.7.1.3规定。

4.3.2 感官要求应符合表4规定。

表4 栽培种感官要求

项目		要求
容器		完整、无损
棉塞或无棉塑料盖		干燥、洁净、松紧适度，能满足透气和滤菌要求
培养基上表面距瓶口的距离		50mm±5mm
接种量［每瓶（袋）原种接栽培种数］		（30～50）瓶（袋）
菌种外观	菌丝生长量	长满容器
	菌丝体特征	洁白浓密、生长旺健
	表面菌丝体	生长均匀，无角变，无高温抑制线
	培养基及菌丝体	紧贴瓶（袋）壁，无干缩
	菌丝分泌物	无
	杂菌菌落	无
	拮抗现象	无
气味		有双孢蘑菇菌种特有的香味，无酸、臭、霉等异味

4.3.3 微生物学指标应符合表2规定。

4.3.4 菌丝生长速度：在适宜培养基上，在适温（24℃±1℃）下菌丝长满瓶（袋）不超过45天。

5 抽样

5.1 质检部门的抽样应具有代表性。

5.2 母种按品种、培养条件、接种时间分批编号，原种、栽培种按菌种来源、制种方法和接种时间分批编号。按批随机抽取被检样品。

5.3 母种、原种、栽培种的抽样量分别为该批菌种量的10%、5%、1%。但每批抽样数量不得少于10支（瓶、袋）；超过100

支（瓶、袋）的，可进行两级抽样。

6 试验方法

6.1 感官检验

按表5逐项进行。

表5 感官检验方法

<table>
<tr><th>检验项目</th><th>检验方法</th><th colspan="2">检验项目</th><th>检验方法</th></tr>
<tr><td>容器</td><td>肉眼观察</td><td rowspan="2">接种量</td><td>母种、原种</td><td>肉眼观察</td></tr>
<tr><td>棉塞、无棉塑料盖</td><td>肉眼观察</td><td>栽培种</td><td>检查生产记录</td></tr>
<tr><td>母钟培养基灌入量</td><td>肉眼观察</td><td colspan="2">菌丝生长量</td><td>肉眼观察</td></tr>
<tr><td>母种斜面长度</td><td>肉眼观察</td><td colspan="2">菌种外观各项
（杂菌菌落除外）</td><td>肉眼观察</td></tr>
<tr><td>母种斜面正面外观各项</td><td>肉眼观察</td><td colspan="2">杂菌菌落</td><td>肉眼观察，必要时
用5×放大镜观察</td></tr>
<tr><td>培养基上表面距瓶
（袋）口的距离</td><td>肉眼观察</td><td colspan="2">气味</td><td>鼻嗅</td></tr>
</table>

6.2 微生物学检验

6.2.1 表2中菌丝和杂菌用放大倍数不低于10×40的光学显微镜对培养物的水封片进行观察，每一检样应观察不少于50个视野。

6.2.2 细菌检验：取少量疑有细菌污染的培养物，按无菌操作接种于GB/T 4789.28中4.8规定的营养肉汤培养液中，25℃～28℃振荡培养1天～2天，观察培养液是否混浊。培养液混浊，为有细菌污染；培养液澄清，为无细菌污染。

6.2.3 霉菌检验：取少量疑有霉菌污染的培养物，按无菌操作接种于PDA培养基（见附录A）中，25℃～28℃培养3天～4天，出现双孢蘑菇菌落以外的菌落，或有异味者为霉菌污染物，必要时进行水封片镜检。

6.3　菌丝生长速度

6.3.1　母种：PDA 培养基，在 24℃±1℃下培养，计算长满需天数。

6.3.2　原种和栽培种：采用第 B.1 章或第 B.2 章规定的配方之一，在 24℃±1℃下培养，计算长满需天数。

6.4　母种遗传和栽培性状检验

6.4.1　菌丝体 Est 同工酶的板状聚丙烯酰胺凝胶电泳：取菌龄为 15 天～20 天的试管母种，刮取菌丝，按 1∶3∶0.5 的比例混合菌丝（g）、0.1mol/L 磷酸缓冲液（mL）和石英砂（g），研磨成匀浆，台式离心机 10 000r/min 离心 5min，取上清液，按 5∶1∶1 的比例混合上清液、40%蔗糖和 0.01%溴酚蓝溶液作为电泳样品，4℃下冷藏备用。采用聚丙烯酰胺凝胶电泳。用 pH 8.9 Tris-HCI 缓冲液配制 9%分离胶，用 pH 8.3 Tris-甘氨酸作电极缓冲液。点样 75μL，3℃下 120V 电泳 20min 后稳压 200V，4h。用固蓝 RR 盐 60mg，0.1mol/L 磷酸缓冲液（pH 6.0）80mL，α-萘乙酯 38mg 和 β-萘乙酯 38mg 溶于 3mL 丙酮配制的染色液，染色，显现酶谱，再根据特征带分型。

6.4.2　栽培性状：使用附录 B 中 B.2.1 培养基按表 6 各项观察记录。

6.4.2.1　菌丝萌发、定植与生长能力：接种到附录 B 中 B.2.1 培养基（含水量提高到 68%）上，在适温（24℃±1℃）下培养，肉眼观察菌丝萌发、定植与生长情况。

6.4.2.2　结菇转潮能力：栽培试验，肉眼观察，计算覆土到出第一潮菇的时间。

6.4.2.3　生物学效率：栽培试验，记录、统计产量，按 GB/T 12728—1991 中 2.1.20 规定计算。

6.4.2.4　栽培试验：将被检母种制成原种。采用附录 B 中 B.2.1 的培养基配方（含水量提高到 68%），配制 360kg 培养基，接种后分三组（每组 $2m^2$）进行常规管理，根据表 6 所列项

目，做好栽培记录，统计检验结果。同时将该母种的出发菌株设为对照，亦做同样处理。对比二者的检验结果，以时间计的检验项目中，被检母种的任何一项时间较对照菌株推迟 5 天以上（含 5 天）者，为不合格；产量显著低于对照菌株者，为不合格；菇体外观形态与对照明显不同或畸形者，为不合格。

表 6　母种栽培中农艺性状和商品性状检验记录

检验项目	检验结果	检验项目	检验结果
母种长满所需时间/天		转潮间隔时间/天	
原种长满所需时间/天		总产/kg	
栽培种长满所需时间/天		平均单产/kg	
菌种萌发所需时间/天		平均单菇质量/g	
菌丝长满培养基所需时间/天		生物学效率/%	
覆土至扭结所需时间/天		菇形、质地、色泽	
覆土至采菇所需时间/天		菇盖直径、厚度、柄长、柄粗（直径）/mm	

6.5　留样

各级菌种要留样备查，留样的数量应每个批号菌种（3～5）支（瓶、袋），原种和栽培种 5～7 瓶，于 4℃～6℃下贮存，母种 5 个月，原种 4 个月，栽培种 2 个月。

7　检验规则

判定规则按质量要求进行。检验项目全部符合质量要求时，为合格菌种，其中任何一项不符合要求，均为不合格菌种。

8　标签、标志、包装、运输、贮存

8.1　标签、标志

8.1.1　产品标签

每支（瓶、袋）菌种必须贴有清晰注明以下要素的标签：

a）产品名称（如：双孢蘑菇母种）；

b）品种名称（如：As2796）；

c）生产单位（×××菌种厂）；

d）接种日期（如：2000.××.××）；

e）执行标准。

8.1.2 包装标签

每箱菌种必须贴有清晰注明以下要素的包装标签：

a）产品名称、品种名称；

b）厂名、厂址、联系电话；

c）出厂日期；

d）保质期、贮存条件；

e）数量；

f）执行标准。

8.1.3 包装储运图示

按GB/T 191规定，应注明以下图示标志：

a）小心轻放标志；

b）防水、防潮、防冻标志；

c）防晒、防高温标志；

d）防止倒置标志；

e）防止重压标志。

8.2 包装

8.2.1 母种外包装采用木盒或有足够强度的纸材制做的纸箱，内部用棉花、碎纸、报纸等具有缓冲作用的轻质材料填满。

8.2.2 原种、栽培种外包装采用有足够强度的纸材制做的纸箱，菌种间用碎纸、报纸等具有缓冲作用的轻质材料填满。纸箱上部和底部用8cm宽的胶带封口，并用打包带捆扎两道，箱内附产品合格证书和使用说明（包括菌种种性、培养基配方及适用范围）。

8.3 运输

8.3.1 不得与有毒物品混装。

8.3.2 气温达30℃以上时，需用2℃～20℃的冷藏车运输。

8.3.3 运输中必须有防震、防晒、防尘、防雨淋、防冻、防杂菌污染的措施。

8.4 贮存

8.4.1 母种一般在5℃±1℃冰箱中贮存，保藏期不超过90天。

8.4.2 原种应尽快使用，10天内可在温度24℃±1℃、清洁、通风、干燥（相对湿度50%～75%）、避光的室内存放。在5℃±1℃下贮存，保藏期不超过40天。

8.4.3 栽培种应尽快使用，在温度24℃±1℃、清洁、通风、干燥（相对湿度50%～75%）、避光的室内存放谷粒种不超过10天，其余培养基的栽培种不超过20天。在5℃±1℃下可贮存90天。

附录A

（规范性附录）

PDA培养基配方

马铃薯200g（取用浸出液），葡萄糖20g，琼脂20g，水1 000mL，pH自然。

附录B

（规范性附录）

常用原种和栽培种培养基及其配方

B.1 谷粒种培养基

谷粒98%，石膏粉2%，含水量50%±1%，pH 7.5～8.0。

B.2 腐熟料种培养基

B.2.1 腐熟粪草种培养基

腐熟麦秆或稻秆（干）77%，腐熟牛粪粉（干）20%，石膏粉1%，碳酸钙2%，含水量62%±1%，pH 7.5。

B.2.2 腐熟棉籽壳种培养基

腐熟棉籽壳（干）97%，石膏粉1%，碳酸钙2%，含水量55%±1%，pH 7.5。

附录2　双孢蘑菇

（GB/T 23190—2008）

1　范围

本标准规定了双孢蘑菇（拉丁学名：*Agaricus bisporus*）的相关术语和定义、产品分类、要求、试验方法、检验规则及标志、标签、包装、运输和贮存。

本标准适用于人工栽培的双孢蘑菇鲜品、干品和盐渍品。

2　规范性引用文件

下列文件中的条款通过本标准的引用而成为本标准的条款。凡是注日期的引用文件，其随后所有的修改单（不包括勘误的内容）或修订版均不适用于本标准，然而，鼓励根据本标准达成协议的各方研究是否可使用这些文件的最新版本。凡是不注日期的引用文件，其最新版本适用于本标准。

GB/T 191　包装储运图示标志（ISO 780：1997，MOD）

GB/T 5009.3　食品中水分的测定

GB/T 6543　运输包装用单瓦楞纸箱和双瓦楞纸箱

GB 7096　食用菌卫生标准

GB 7718　预包装食品标签通则

GB 9687　食品包装用聚乙烯成型品卫生标准

GB/T 12532　食用菌灰分测定

定量包装商品计量监督管理办法　国家质量监督检验检疫总局令第75号

3 术语和定义

下列术语和定义适用于本标准。

3.1 双孢蘑菇 *Agaricus bisporus*

隶属担子菌亚门（Basidiomycotina）、伞菌目（Agaricales）、蘑菇科（Agaricaceae）、蘑菇属（*Agaricus*）的草腐菌（3.2）。

3.2 草腐菌 straw rotting mushroom

自然生长在草本植物残体上的大型真菌。

[GB/T 12728 2006，定义 2.3.11]

3.3 内菌膜 inner veil

某些伞菌菌褶与菌柄之间形成的一层膜。

3.4 杂质 extraneous matters

除双孢蘑菇以外的一切有机物和无机物。

4 产品分类

4.1 双孢蘑菇鲜品：正常发育，采收后经简单保鲜处理的双孢蘑菇。

4.2 双孢蘑菇干品：双孢蘑菇鲜品切片，经热风、晾晒或干燥脱水等工艺加工成的干制品。

4.3 双孢蘑菇盐渍品：双孢蘑菇鲜品经饱和食盐腌制的加工制品。

5 要求

5.1 感官要求

5.1.1 双孢蘑菇鲜品

应符合表1规定。

表1 双孢蘑菇鲜品感官要求

项目	指标		
	一级	二级	三级
形态	菇形圆整，内菌膜紧包，无畸形，无薄皮，无机械损伤，无斑点；菌柄基部切削处理平整	菇形圆整，内菌膜紧包，无严重畸形，无机械损伤，无斑点；菌柄基部基本平整	内菌膜破，允许菌褶不发黑的脱柄菇存在，无严重斑点；菌柄基部切削欠平
菌盖直径/cm	2.0～2.2	2.0～5.0	≤6.0
菌柄长度/cm	≤1.5		
色泽	菇色正常均匀，有自然光泽		
气味	具有双孢蘑菇应有的气味，无异味		
虫蛀菇/%	0		≤1.0
霉烂菇	不允许		
杂质/%	0		≤3

5.1.2 双孢蘑菇干品

应符合表2规定。

表2 双孢蘑菇干品感官要求

项目	指标
形态	干片厚薄均匀
色泽	乳白色至浅黄色，有光泽
气味	具有双孢蘑菇应有的气味，无异味
虫蛀菇/%	不允许
霉烂菇	不允许
杂质/%	不允许

5.1.3 双孢蘑菇盐渍品

应符合表3规定。

表3　双孢蘑菇盐渍品感官要求

项　目	指　标			
	特级	一级	二级	三级
形态	菇形圆整，内菌膜紧包，有弹性，切削平整	菇形圆整，内菌膜紧包，切削平整，允许稍有畸形	菇形基本完整，内菌膜未破，菌盖稍展，允许有少许畸形	菇形基本完整，内菌膜已破，允许有少量开伞、脱柄和畸形菇
菌盖直径/cm	2.0～4.0	2.0～6.0		大小不等
菌柄长度/cm	≤1.5			
脱柄菇比例/%	≤10			
酸度（pH）	4.0～5.6			
盐水浓度(NaCl)/°Bé	18～22，盐水清澈，不浑浊			
色泽	呈淡黄色或黄褐色，菇体光滑，有光泽，无白心，无斑点			
气味	具有盐渍蘑菇应有的滋味及气味，无异味和不良的酸味			
霉烂菇	不允许			
杂质/%	不允许			

5.2　理化要求

应符合表4规定。

表4　双孢蘑菇理化要求

项　目	要　求		
	鲜品	干品	盐渍品
水分/%	≤92	≤12	—
灰分（以干重计）/%	≤8.0	≤8.0	≤12.0

5.3　卫生要求

应符合GB 7096的规定。

5.4　净含量

应符合《定量包装商品计量监督管理办法》的要求。

6 试验方法

6.1 感官指标

6.1.1 形态、色泽、气味

肉眼观察形态、色泽，鼻嗅判断气味。

6.1.2 菌盖直径、菌柄长度

随机取不少于10个双孢蘑菇，用精确度为0.1mm的量具，分别量取每个双孢蘑菇菌盖最大直径和菌柄最大长度，分别计算出菌盖平均直径和菌柄平均值。

6.1.3 虫蛀菇、霉烂菇、杂质、脱柄菇比例

随机抽取样品100g（精确至±0.1g），分别拣出虫蛀菇、霉烂菇、杂质、脱柄菇，用感量为0.1g的天平称其质量，按式（1）分别计算其占样品的百分率，计算结果精确到小数点后一位。

$$X=\frac{m_1}{m_2}\times 100\% \quad \cdots\cdots\cdots\cdots\cdots\cdots (1)$$

式中：

X——虫蛀菇、霉烂菇、杂质、脱柄菇比例的百分率，%；

m_1——虫蛀菇、霉烂菇、杂质、脱柄菇的质量，单位为克（g）；

m_2——样品的质量，单位为克（g）。

6.1.4 酸度

用精密pH试纸比色测定。

6.1.5 盐水浓度

用专门测定盐水浓度（咸度）的波美度测试比重计测定。

6.2 理化指标

6.2.1 水分

按GB/T 5009.3规定的方法测定。

6.2.2 灰分

按 GB/T 12532 规定的方法测定。

7 检验规则

7.1 组批规则

同一场地、同时采收的双孢蘑菇鲜品作为双孢蘑菇鲜品的一个检验批次；同一班次、同一生产线、同一生产工艺、同一规格作为双孢蘑菇干品、盐渍品的一个检验批次。

7.2 抽样

7.2.1 抽样数量

在整批货物中，包装产品以同类货物的小包装袋（盒、箱等）为基数，散装产品以同类货物的质量（kg）或件数为基数，按下列整批货物件数的基数进行随机取样：

——整批货物 50 件以下，抽样基数为 2 件；

——整批货物 51 件～100 件，抽样基数为 4 件；

——整批货物 101 件～200 件，抽样基数为 5 件；

——整批货物 201 件以上，以 6 件为最低限度，每增加 50 件加抽 1 件。

小包装质量不足检验所需质量时，适当加大抽样量。

7.2.2 抽样方法

在整批货物的按级别堆垛中，随机抽取所需样品。每次随机抽取样品 1 000g，其中 500g 作为检样，500g 作为存样。型式检验应从交收检验合格的产品中抽取。

7.3 检验分类

7.3.1 交收检验

每批产品交收前，生产者应进行交收检验。交收检验内容包括感官指标、标志和包装。检验合格后，附合格证方可交收。

7.3.2 型式检验

型式检验是对产品进行全面考核，即本标准第 5 章规定的全部项目进行检验。有下列情形之一者应进行型式检验：

a）国家质量监督机构或行业主管部门提出型式检验要求时；

b）前后两次抽样检验结果差异较大时；

c）因人为或自然因素使生产技术和生产环境发生较大变化时。

7.4　判定规则

7.4.1　以表1、表2中除气味、霉烂菇、杂质感官指标外的规定确定受检批次产品的等级。同级指标间任何一项达不到该级指标即降为下一级，鲜品达不到三级要求者为等外品，干品达不到三级要求者为等外品。

7.4.2　气味、霉烂菇、杂质、水分指标及卫生指标中任何一项不符合要求的，即判定该批产品不合格。其他指标如有一项不合格，允许在同批次产品中加倍抽样，对不合格项目进行复检，若仍有一项不合格，则判定该批产品为不合格。

7.4.3　批次样品标志、包装、净含量不合格时，允许生产者进行整改再申请复检一次；复检仍按原要求，以复检结果作为最终判定依据。

8　标志、标签

8.1　外包装标志应符合GB/T 191的规定。应标明：产品名称、产品执行标准、等级、质量或数量、规格、生产日期、保质期、生产企业名称、地址等。

8.2　标签应符合GB 7718的要求。

9　包装、运输和贮存

9.1　包装

内包装用食品聚乙烯成型塑料袋密封，外包装材料应坚固、洁净、干燥、无破损、无异味、无毒、无害，包装箱（袋）的卫生指标应符合GB 9687和GB/T 6543的规定。

9.1.1　每批产品所用的包装、质量单位应一致。

9.1.2 包装检验规则：逐件称量抽取的样品，每件的净含量应不低于包装外标志的净含量。

9.2 运输

9.2.1 运输时应轻装、轻卸、防重压，避免机械损伤。

9.2.2 运输工具应清洁、卫生、无污染物、无杂物。

9.2.3 防日晒、防雨淋、不可裸露运输。

9.2.4 不得与有毒、有害、有异味的物品和鲜活动物混装混运。

9.2.5 双孢蘑菇鲜品：在低温条件下运输。

9.2.6 双孢蘑菇干品和盐渍品：在常温条件下运输。

9.3 贮存

9.3.1 不得与有毒、有害、有异味和易于传播霉菌、虫害的物品混合存放。

9.3.2 双孢蘑菇鲜品：在2℃～5℃下贮存。

9.3.3 双孢蘑菇干品和盐渍品：在通风、阴凉干燥、洁净、有防潮设备及防霉变、防虫蛀和防鼠设施的常温条件下库房贮存。

附录3　山西省农业科学院农业资源与经济研究所食用菌重点实验室简介

实验室以国内外食用菌前沿科学目标和食用菌产业重大需求为导向，深入探索和研发食用菌新品种与新技术的原理及应用，建立并完善食用菌的学科研究与技术推广体系。目前，实验室拥有人工气候箱、智能培养箱、高效液相色谱仪、原子吸收分光光度计、荧光分光光度计等检测分析仪器设备36台（套）。先后承担了“肥鳞伞的人工选育与驯化栽培”“食用菌液体菌种制种工艺研究及应用”“食用菌新品种及配套技术示范工程”等18项省部级科技计划项目，在食用菌研究开发与技术推广方面取得了累累硕果，在《菌物学报》《中国食用菌》等专业性刊物发表论文25篇，被《CAB Horticultural Abstracts》摘录数篇，中国农业出版社出版《珍稀食用菌黄伞无公害栽培技术》一部。通过山西省科技厅组织鉴定的科技成果6项，其中“肥鳞伞的人工选育与驯化栽培”等两项达到了国际先进水平，并获得了山西省科技进步二等奖和三等奖、国家发明专利、全国农业博览会铜质奖、山西省农业博览会银质奖等多项奖励和荣誉。

近年来，实验室根据山西省不同地区的自然气候特点、资源优势、当地市场及国内外市场供需情况等，为贫困地区30多家食用菌企业进行了食用菌不同栽培设施及不同栽培品种的可行性项目规划研究、编制和论证，为贫困地区进行了产前、产中及产后的系列化技术服务、人员培训等，为贫困地区食用菌企业和菇农提供了双孢蘑菇、香菇、黑木耳等10余个食用菌品种的优质菌种，推动了山西省食用菌科学技术进步和产业化水平的提高，在食用菌产业化精准扶贫方面为“兴晋富民”作出了积极贡献。

主要参考文献

黄年来，1987. 自修食用菌学［M］. 南京：南京大学出版社.

李汉昌，2009. 白色双孢蘑菇栽培技术［M］. 北京：金盾出版社.

农业部微生物肥料和食用菌菌种质量监督检验测试中心，中国标准出版社第一编辑室，2006. 食用菌技术标准汇编［G］. 北京：中国标准出版社.

徐汉虹，2010. 生产无公害农产品使用农药手册［M］. 北京：中国农业出版社.

杨国良，韩继刚，朱宝成，2003. 蘑菇无公害生产技术［M］. 北京：中国农业出版社.

张金霞，2004. 食用菌安全优质生产技术［M］. 北京：中国农业出版社.

图书在版编目（CIP）数据

双孢蘑菇高效栽培技术100问/李彩萍编著．—北京：中国农业出版社，2018.3
（精准扶贫·食用菌栽培技术系列丛书）
ISBN 978-7-109-23784-1

Ⅰ.①双… Ⅱ.①李… Ⅲ.①二孢蘑菇－高产栽培－栽培技术－问题解答 Ⅳ.①S646.1-44

中国版本图书馆CIP数据核字（2017）第330941号

中国农业出版社出版
（北京市朝阳区麦子店街18号楼）
（邮政编码 100125）
责任编辑 黄 宇
文字编辑 丁晓六

中国农业出版社印刷厂印刷 新华书店北京发行所发行
2018年3月第1版 2018年3月北京第1次印刷

开本：850mm×1168mm 1/32 印张：5.375
字数：127千字
定价：18.00元